U-Jet 私人飞机

机场

—— 特辑 ——

金尔多 主编

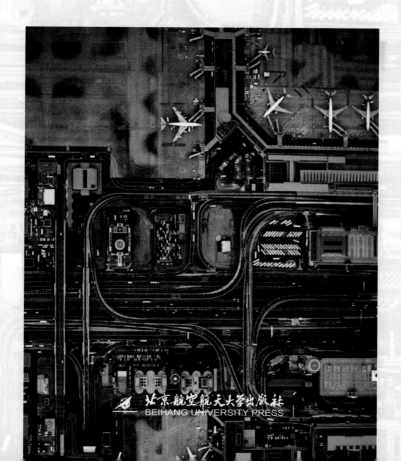

北京航空航天大学出版社
BEIHANG UNIVERSITY PRESS

图书在版编目（ＣＩＰ）数据

U-jet私人飞机．机场 / 金尔多主编． -- 北京：北
京航空航天大学出版社，2020.12
　　ISBN 978-7-5124-3173-7

Ⅰ.①U…　Ⅱ.①金…　Ⅲ.①机场—普及读物 Ⅳ.
①V2-49

中国版本图书馆CIP数据核字(2020)第250907号

U-jet私人飞机 · 机场

责任编辑：曲建文　舒　心
责任印制：陈　筱
版式设计：范昕昕　陶　晴

出版发行：北京航空航天大学出版社
地　　址：北京海淀区学院路37号（100191）
电　　话：(010) 82317023（编辑部）(010) 82317024（发行部）
　　　　　(010) 82316936（邮购部）
网　　址：www.buaapress.com.cn
读者信箱：bhxszx@163.com
印刷装订：鑫艺佳利（天津）印刷有限公司
开　　本：787mm×1092mm
字　　数：309千字
印　　张：12
版　　次：2021年1月第1版
印　　次：2021年1月第1次印刷
定　　价：68.00元

是终点也是起点

这是一本适合在路上读的书，相信翻阅后，你会对匆忙走过的机场有了新的感知与体验。

无数人怀着各种理由成为机场的过客，在这个特定的物理空间里，有人抵达，有人出发，空气中有离别的伤感，也有重逢的喜悦，有不经意的擦肩而过，也有邂逅的惊喜。在人来人往的机场里，我们都在等待起航，希冀平安地抵达目的地。

围绕机场发生的故事曾经被拍成著名的电影《幸福终点站》。被迫滞留在机场的男主人公观察着人生百态，发现了一个丰富的世界。每天都有形形色色的人上演各自的人生悲喜剧，男主人公在这里一边等待机会一边创造机遇，怀着不灭的希望迎来了属于他的幸福。

这部电影比较好看，但涉及机场的好看的书却不多，希望这是其中的一本，因为在策划时就把可读性放在了首位。该书有着轻松地基调、生动的文字和上百张珍贵的图片，可以说是一本关于机场的小型百科全书。读者通过图片，可以直观地了解中国第一个机场的诞生过程，了解全球知名机场的前世今生，还可以领略历年来被评为最佳机场的新奇与魅力。书中展现了机场的设计之美、功能之美，让普通的旅行者也能感受机场的奇妙之处。

书中描述的这些形形色色的机场不再只是冷冰冰的建筑物，本书的撰稿人为读者带来了更有温度的文字。他们是一群热爱生活的人，有的早已拿到飞行驾照，经常驾驶自己的小飞机往返于机场；有的旅居海外，造访过全球数十个国家的机场，有着最实用的机场购物攻略；有的酷爱旅行，是专职摄影师和旅行家，最清楚哪家机场的酒吧最值得去体验。他们用自己的亲身经历，描述给他们留下深刻印象的机场，分享精彩的飞行生活和旅行故事。他们的文字让这本书充满诱人的人间烟火气。

总以为时间的流逝会让所有的事情都慢慢淡忘，但重新翻阅书稿时，才会深刻体味到，有些事情无论如何也很难忘怀。从创刊到停刊，《U-jet》走过了近十年的路程，这在历史长河中只是一个短暂的瞬间，但对于整个创始团队来说，却是我们最值得纪念的十年。我想，之所以执着甚至固执地要出版这本书，是对那段创业岁月的致敬，也是对整装待发重新开始的期许。这本书献给勇敢地奔波在路上的创业者，也是写给《U-jet》团队。

本书的出版可谓一波三折，补稿、修改、定稿都是在断断续续中进行。疫情爆发后，编辑工作一度停止不前。能在充满变故的庚子年年底出版，首先要感谢编辑，正是他们的专业和热忱，才有了这本书的面世。

也感谢《U-jet》团队，对我们来说，这本书是对昨日的告别也是起航，是曾经的过往也是崭新的未来。

段 薇

目录 CONTENTS

U-jet 私人飞机 I

AIRPORT SPECIAL

机场｜特辑

总策划 / 段　薇

主　编 / 金尔多

策　划 / 徐虞利

感谢《U-jet》团队，对我们来说，这本书是对昨日的告别也是新的起航，是曾经的过往也是崭新的未来……

机场

Airport. 文 / 穆晓晓

机场，也称飞机场、空港、航空站。
机场有不同的大小，除了跑道之外，
机场通常还设有塔台、停机坪、航空客运站、维修厂等设施，并提供机场管制服务、空中交通管制等其他服务。

禁区（管制区）
所有飞机进入的地方，包括跑道、滑行道、停机坪和储油库。

非禁区
停车场、公共交通车站、储油区和连外道路。
大多数机场都会在非禁区到禁区的中间范围做严格的控管。搭机乘客进入禁区范围时必须经过航站楼，在那里可以购买机票、接受安全检查、托运或领取行李，以及通过登机口登机。

基础设施

航站楼
航站楼，也称候机楼，供旅客完成从地面到空中或从空中到地面转换交通的设施，是机场的主体部分之一。内有办理登机手续的柜台、候机厅、出入境大堂、海关和检疫设施等，亦有提供前往市区的公共交通交汇站。

跑道
规模较小的机场跑道往往不到 1000 米，跑道种类分为硬土、草皮或砂石跑道，大型的机场跑道通常铺有沥青或混凝土，长度较长，承受的重量也比较大，是机场最重要的设施。

停机坪
停机坪大多指的是飞机停放航站楼旁的区域，方便乘客登机和运输行李，有时停机坪距离航站楼有一段路程，乘客需步行或搭乘登机用的巴士才能登机。

塔台
机场可以有也可以没有塔台，取决于空中交通密度和可利用的资金。为了方便交通管制员看清楚机场内飞机的动向，塔台会设在高处。许多国际机场由于载运量高且航班频繁，因此机场内有自己的空中交通管制系统。

贵宾服务
机场有贵宾服务一项，包括快速办理登机手续、专用登机柜台、专用的起飞或到达贵宾休息室、优先登机、独立登机空桥和行李优先处理等服务。这些服务对象通常是头等舱、商务舱的乘客、顶级飞行常客，以及航空公司俱乐部会员。增值服务有时开放给其他航空的飞行常客计划的会员。
航空公司贵宾室普遍会提供免费的食物、酒精和非酒精饮料，以及淋浴间、安静的休息空间、电视机、电脑、无线或有线网络等，更有一些航空公司聘请咖啡师、调酒师和厨师现场准备饮食。

住宿
有些机场还设有机场酒店，无论是独立一栋或是附属在航站楼里，相当受欢迎，因为转机乘客可得到充分的休息且很容易就可到达航站楼。许多机场酒店与航空公司之间签有协议，提供乘客住宿的服务。

识 **KNOW.**

▬

20 世纪 20 年代，

飞机旅行只是少数人能享受到的服务，

当时的登机环境不仅简陋，

还很危险。

1933 年，工程师莫里斯突发奇想，

引入了圆形航站楼的概念。

他的设计理念在当时非常先进，

圆形的航展楼设计对乘客和飞机都有利。

航站楼知多少

How much is the terminal building?　文／锦芳

航站楼（Terminal），又称航站大厦、候机楼、客运大楼、航厦，是机场的主体部分之一，为乘客提供转换陆上交通与空中交通的设施，方便上下飞机。

航站楼内有办理登机手续的柜台、候机厅、出入境大堂、海关和检疫设施等，乘客购票后需办理登机手续、托运行李，经过安全检查及证照查验方能登机。

最初，为了方便旅客而缩短飞机和乘客之间的距离，同时又要有一定的距离，这才有了航站楼。

20世纪20年代，乘飞机旅行只是少数人能享受到的服务，当时的登机环境不仅简陋，还很危险。1933年，工程师莫里斯突发奇想，引入圆形航站楼的概念。他的设计理念在当时非常先进，圆形的航展楼设计对乘客和飞机都有利。飞机可以滑至登机门，可以提供旅客上下机和飞机加油等成套的服务。伦敦盖特威蜂巢式的航站楼成为世界上首座运营的机场航展楼。

位于英格兰大伦敦希灵登区的希斯罗机场则将快速服务的理念发挥到极致，飞机从落地到再度起飞所停留的时间很少超过90分钟。对于希斯罗机场而言，圆形航站楼的设计已经落伍。较大的圆形航站楼的确可以容纳更多的飞机，但这样的设计会导致大部分的空间闲置，希斯罗机场6号航站楼改用吐司架这种新型结构，并利用地铁相连，极大地提高了航站楼的利用率。

希斯罗机场5号航站楼看似简单，但建筑过程却相当复杂，工地面积超过140万平方米，夹杂在全球最繁忙的跑道之间，西边还与高速公路相邻。工程师为了利用航站楼的内部空间，在建筑之上加了一座等斜双坡屋顶，屋顶面积相当于5座足球场。如何吊起这座巨大的屋顶是整个工程团队面临的艰巨挑战，仅一块屋顶部件的重量便超过了6架巨无霸（Jumbo Jet）客机的总和。由于高度的限制，工程师只能利用数部小型起重机在地面组装屋顶部件，然后用多股钢绞绳吊起屋顶截面。这些钢绞绳穿过多股钢绞绳千斤顶，每部液压系统的起重量高达185吨。一共有16部多股钢绞线千斤顶同时运作，这一过程耗费了一年时间，并用了1.8万吨钢材。当然这些花费是值得的，悬浮式的屋顶给航站楼提供了最大的内部空间。5号航站楼的内部地板面积等于其他4座航站楼的总和。

航站楼的发明极大地加快了旅客登机和飞机休整的效率，运量瓶颈很快便由地面转移到了空中，螺旋桨式的客机很快便无法满足运力，直至进入喷气机时代。

香港国际机场候机楼

发展到今天，候机楼按登机口布置方式可分为前列式、廊道式、卫星式和综合式。

前列式候机楼即沿候机楼前沿布置登机口和机位。

廊道式候机楼即由候机楼的主楼朝停机坪方向伸出一条或几条廊道，沿廊道的两侧布置机位，对正每一机位设登机口。芝加哥奥黑尔、伦敦希思罗、东京羽田等航空港的候机楼即属此种形式。

卫星式候机楼是在主楼之外建一些登机厅，通过廊道将主楼与卫星登机厅相连接。卫星厅周围布置机位，设相应的登机口。

综合式候机楼是采用上述三种或其中两种形式建造的候机楼。巴黎奥利航空港南候机楼即属此种形式。

候机楼按其建筑物的布局
可分为集中式和分散式两类

集中式候机楼是候机楼为一完整单元的建筑物，前列式、廊道式、卫星式、综合式候机楼均属此类。

分散式候机楼视每个登机口为一个小的建筑单元，供一架飞机停靠，旅客乘汽车可以直接到达飞机门前。建筑单元排列成一直线或弧线，组成候机楼整体。

旅客登机方式同候机楼的形式有密切关系：集中式候机楼多采用登机桥；分散式候机楼一般采用登机车和登机梯。登机车往返于候机楼和飞机之间接送旅客上、下飞机，有普通式和升降式两种。升降式登机车可以升到与飞机舱门相同的高度。登机梯有机上自备客梯和地面客梯两种，一般多在规模小的航空港使用。

机场跑道有几种构形?

How many configurations does the airport runway have?　文／锦芳

飞机场内用来供飞行器起飞或降落的超长条形区域即机场跑道,其材质可以是沥青或混凝土,或者是平整的草、土或碎石地面黏土等铺设的。现在世界各地的飞机跑道多使用陆地。

机场至少有一条跑道,有的机场有多条跑道。一般来说,一个机场拥有两条以上跑道的可称为多跑道机场。目前,数量最多的机场有七条跑道,如达拉斯机场、芝加哥奥黑尔机场等。全球范围内多跑道机场很多,按照跑道构形大致可分为四类:平行跑道、V型跑道、交叉跑道、混合构形跑道。

平行跑道

现代飞机的增升能力及抗侧风的能力都大大加强了,所以新建的大机场通常只修建同一方向的平行跑道。这样的安排形式可以节约用地。跑道的方向设计主要是根据当地一年中的主风向(70%的风向)来确定的,这种设计能使飞机在使用跑道时尽可能得到有利的风向之助。

当然,平行跑道还有容量大、效率高、风险低、易于管理等优点,是目前新建或改扩建机场最为常用的一种构形。美国亚特兰大机场是目前平行跑道数量最多的机场,共有五条平行跑道;迪拜世界中心机场总体规划是六条完全平行的跑道。从跑道数量和构形

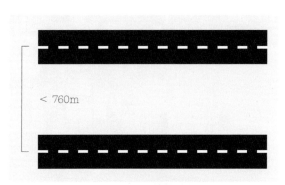

图1a　窄距平行跑道

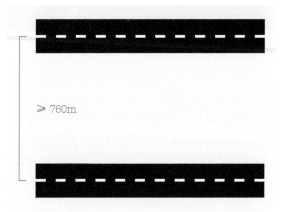

图b1　宽距平行跑道

来看,2—5条平行跑道有多种构形。

一般来说,两条平行跑道有宽距(两条跑道中心线距离超过760米)和窄距(两条跑道中心线距离小于760米)两种构形。上海虹桥机场两条跑道中心线距离365米,属于窄距平行跑道(如图1a)。伦敦希斯罗机场两条跑道中心线距离1415米,属于宽距平行跑道(如图1b)。

再来看三条平行跑道的构形:三条窄距、两窄一

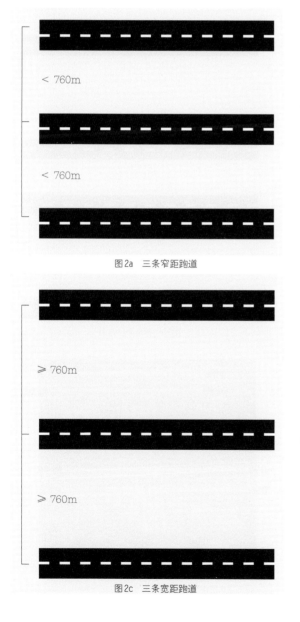

图2a 三条窄距跑道

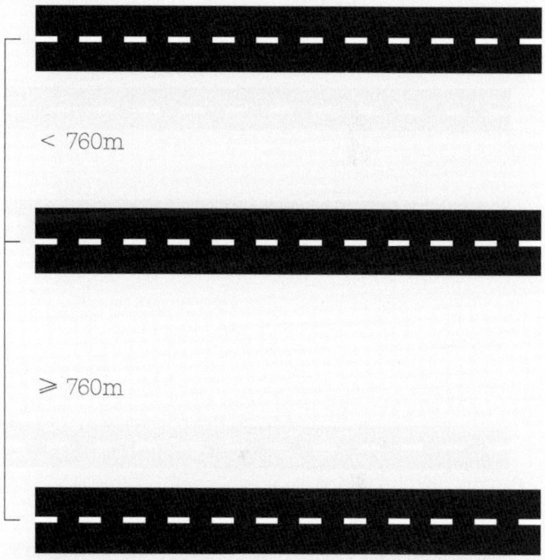

图2c 三条宽距跑道

图2b 两窄一宽跑道

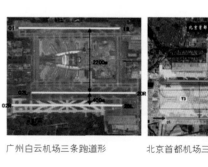

广州白云机场三条跑道形 　　北京首都机场三条跑道形

宽以及三条宽距（见图2a、图2b、图2c），代表机场如广州白云机场和北京首都机场。具体构形方式如上图。

四条平行跑道的构形方式并不多，通常是采用两组窄距的构形方式，如洛杉矶机场（LAX）和巴黎戴高乐机场。

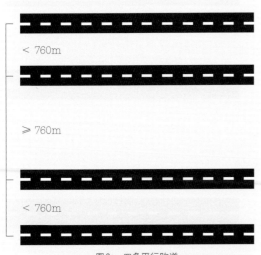

图3a　四条平行跑道

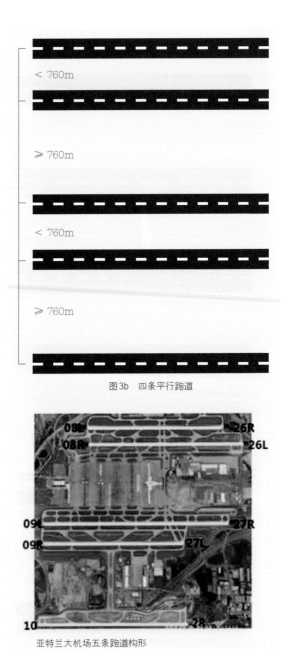

图3b　四条平行跑道

巴黎戴高乐机场四条跑道构形

最后是五条平行跑道的构形，这种多跑道最常见的构形方式是两组窄距加一条宽距，如亚特兰大机场、上海浦东机场（远期）和广州白云机场（远期）。

亚特兰大机场五条跑道构形

V型跑道

法兰克福机场三条跑道构形　马德里机场四条跑道构形

V型跑道听上去略显与众不同,世界上这种构形的机场并不少见,其中法兰克福机场(FRA)、马德里机场(MAD)、孟菲斯机场(MEN)和苏黎世机场(ZRH)等就是其中的佼佼者。

交叉跑道

过去,运输飞机重量轻,起飞和着陆时对侧风要求较高,为提高机场运行保障能力,机场一般都会根据风向统计数据建设交叉跑道,但随着民用客机机型和重量的不断加大以及科技的不断进步,民用客机对于侧风要求逐步降低,因此,目前较少机场采用交叉跑道构形,除非是场地或者其他因素限制。

航站区通常布置在交叉点与两条跑道所夹的场地内。两条交叉跑道的容量通常取决于交叉点与跑道端的距离以及跑道的使用方式,交叉点离跑道起飞端和入口越远,容量越低;当交叉点接近起飞端和入口时,容量最大。

北京新机场成为全国首个有交叉跑道的机场。在缺乏借鉴经验的情况下,华北空管局参考法兰克福机场交叉跑道运行经验和规则,依据北京新机场的实际情况,研究制定了交叉跑道运行方案。

旧金山机场(SFO)
四条交叉跑道构形

波士顿机场(BOS)
五条交叉跑道构形

混合跑道构形

跑道数量越多,可能采用的构形方式就越复杂。这样一来,混合构形方式就自然而然地产生了。目前来看,跑道可以分为几组,组内平行、组与组之间相互交叉或者呈相应角度,如芝加哥奥黑尔、丹佛、达拉斯等机场。

那么,不同跑道构形的处理能力如何呢?根据美国联邦航空局提供的评估数据和指引,运输机场各种典型跑道构形下的理论容量。不同国家和地区由于地理条件、气象条件、空域条件、管制规则、机型组合、硬件设施配置、管理水平等的差异,即使是相同的跑道构形,其跑道系统容量也可能会存在很大差异。

另外,两条以上的跑道由于跑道之间的运行相互间会受到一定程度的影响,跑道之间的距离越近,影响越大,跑道数量越多、运行越复杂。从运行角度来看,多条跑道特别是窄距平行跑道或者交叉跑道存在不同跑道起飞和着陆飞机冲突、着陆飞机跑道选择错误、地面滑行飞机穿越跑道、滑行飞机误入跑道等风险,运行管理规则也比较复杂。

关于机场代码，你不知道的事儿

About the airport code, things you don't know. 文 / 穆晓晓

机场有种独特的身份识别方式——代码。

机场代码通常分三字、四字两种。

国际航空运输协会（IATA，International Air Transport Association）对世界上的国家、城市、机场，加入国际航空运输协会的航空公司制定了统一的编码——机场三字代码，简称"三字码"。

国际民间航空组织机场代码（ICAO code, nternational Civil Aviation Organization Airport Code），也叫国际民航组织机场代码，是国际民航组织为世界上所有机场所定的识别代码，由4个英文字母组成，为四字机场代码。

IATA 机场代码

IATA机场代码由3个英文（大写）字母组成，不允许有数字。由国际航空运输协会（IATA）对机场进行编号，刊登在IATA机场代码目录中，是最常用的机场代码，多用于公众场合。全世界至少10000个机场有三字代码，这些代码没有规划性。一般原则是先注册，再使用。

机场三字码基本上是根据城市名和机场名的英文来定的，有的直接用城市名开头的三个字母。比如悉尼（Sydney）机场：SYD。

有些简称为两个字母的城市，其机场代码中加入字母"X"。在航空运输发展的早期，机场代码是以当地的气象站二字代码命名的。随着航空运输的发展，二字代码已不能满足命名的需求，于是许多机场在其二字代码后面加一个"X"，变成三字代码。如深圳宝安国际机场代码：SZX；洛杉矶机场代码：LAX。

按照城市名简称，加一个"X"是最基本的方式，但并不是所有三字码都是这样定下来的，毕竟全球机场太多了，有时一座城市就有多座，难免会重复，这时只好另辟蹊径。如上海有两个机场，虹桥机场直接用城市名前三个字母，代码是SHA；浦东国际机场则用机场名。按照规律，浦东机场（Pudong）三字代码应该为PUD，但PUD被阿根廷的德塞阿多机场占用了，于是打算用DONG的末字母G代替D，但是PUG也被使用，所以只能把U换成相近的V，最终产生了代码"PVG"。

另外，有些机场的三字码从字面上看和其所在城市及机场并无关联。例如：北京首都国际机场的三字码是PEK，貌似跟Beijing毫无关系。实际上，PEK是以前北京的英文名Peking的前三个字母。中华人民共和国成立以后，Peking变为Beijing，但是机场的三字码并未跟着改变。广州白云国际机场三字码是CAN，则来自广州的英文名Canton。

加拿大机场的三字代码可以说是独树一帜了，不管城市名是什么，加拿大境内所有机场的三字码都一

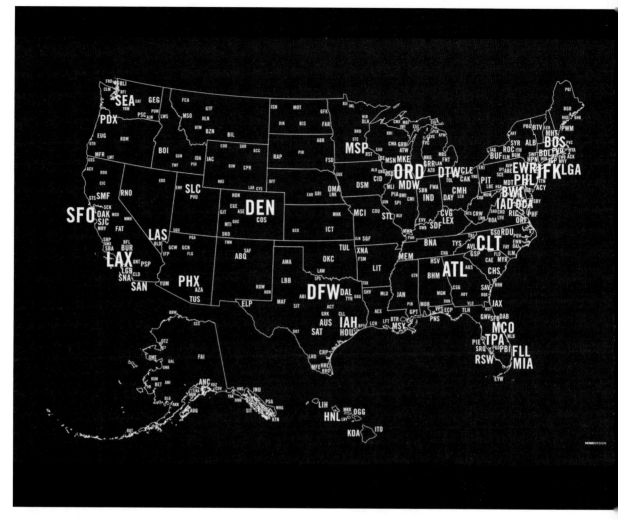

美国机场三字代码

ICAO 机场代码

律以 Y 开头。

　　这是因为无线电广播刚刚兴起时，北美按照地理区域被划分成三块，每一块区域的发射台呼号前都要加上自己区域的一个特定的字母。当时美国密西西比河以东的地区为 W，以西地区为 K，而加拿大则是Y，所以温哥华（Vancouver）机场的三字码是 YVR，渥太华（Ottawa）机场的三字代码是 YOW，多伦多（Toronto）皮尔逊国际机场的三字代码是 YYZ。

　　ICAO 机场代码与一般公众及旅行社所使用的IATA 机场代码并不相同。此代码较少公开使用，主要用于空中交通管理部门之间传输航班动态，通常用于空中交通管理及飞行策划等。

　　另外，ICAO 机场代码有区域性的结构，并不会重复。通常首字母代表所属大洲，第二个字母代表国家，剩余的两个字母则用于分辨城市。部分幅员广大的国家，则以首字母代表国家，其余三个字母用于分辨城市。例如 EG 开头的都是英国机场。美国大陆使用 K 开头。大多数 Z 开头的是中国机场（不含 ZK-朝鲜和 ZM-蒙古）。

美国达美航空公司在布鲁克林市涂刷的机场代码墙

2019年民航机场数据汇总

中国民用航空局2020年6月发布

2019 Civil Aviation Airport Data Summary

编/穆晗晗

机场数量

截至2019年底，我国共有颁证运输机场238个，比上年底净增3个。2019年新增机场有北京大兴国际机场、巴中恩阳机场、重庆巫山机场、甘孜格萨尔机场。

2019年，北京南苑机场停航，宜宾菜坝机场迁至宜宾五粮液机场。

颁证运输机场按飞行区指标分类：4F级机场13个，4E级机场38个，4D级机场38个，4C级机场143个，3C级机场5个，3C级以下机场1个。

2019年，全行业全年新开工、续建机场项目126个，新增跑道7条，停机位444个，航站楼面积174.9万平方米。截至2019年底，全行业运输机场共有跑道261条，停机位6244个，航站楼面积1629万平方米。

2019年各地区颁证运输机场数量

单位：个

地区		颁证运输机场数量	占全国比例 %
全国		238	100.0%
其中	东部地区	54	22.7%
	中部地区	36	15.1%
	西部地区	121	50.8%
	东部地区	27	11.3%

通航机场

2019年，共有44座通用机场获得颁证，全行业颁证通用机场数量达到246座。

机场业务量

2019年，全国民航运输机场完成旅客吞吐量达13.52亿人次，比上年增长6.9%。

其中：2019年东部地区完成旅客吞吐量7.10亿人次，比上年增长5.4%；中部地区完成旅客吞吐量1.56亿人次，比上年增长10.8%；西部地区完成旅客吞吐量4.03亿人次，比上年增长8.3%；东北地区完成旅客吞吐量0.84亿人次，比上年增长6.2%。

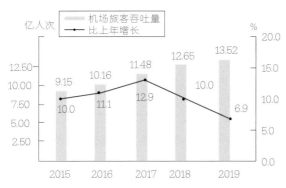

2015—2019年民航运输机场旅客吞吐量

2015—2019年民航运输机场货邮吞吐量

2019年全国民航运输机场完成货邮吞吐量1710.01万吨，比上年增长2.1%。

其中：2019年东部地区完成货邮吞吐量1245.92万吨，与上年持平；中部地区完成货邮吞吐量124.70万吨，比上年增长9.9%；西部地区完成货邮吞吐量279.04万吨，比上年增长7.4%；东北地区完成货邮吞吐量60.36万吨，比上年增长9.6%。

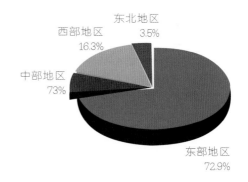

2019年民航运输机场货邮吞吐量按地区分布

2019年，全国民航运输机场完成起降1166.05万架次，比上年增长5.2%。其中运输986.82万架次，比上年增长5.3%。

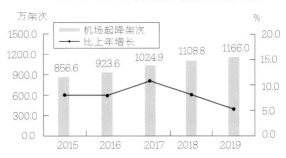

2015—2019年民航运输机场起降架次

2019年，年旅客吞吐量100万人次以上的机场106个，其中北京、上海和广州三大城市机场旅客吞吐量占全部境内机场旅客吞吐量的22.4%，比上年降低0.9个百分点。

单位：个

2017 年旅客吞吐量 100 万人次以上的机场数量

年旅客吞吐量	机场数量	比上年增加	吞吐量占全国比例
1000 万人次以上	39	2	83.3%
100-1000 万人次	67	9	13.2%

2019年，年货邮吞吐量1万吨以上的机场59个，其中北京、上海和广州三大城市机场货邮吞吐量占全部境内机场货邮吞吐量的46.5%，比上年降低2.3个百分点。

单位：个

2019 年货邮吞吐量万吨以上的机场数量

年货邮吞吐量	机场数量	比上年增加	吞吐量占全国比例
1000 万吨以上	59	6	98.4%

航线网络

截至2019年底，我国共有定期航班航线5521条，国内航线4568条，其中港澳台航线111条，国际航线953条。按重复距离计算的航线里程为1362.96万公里，按不重复距离计算的航线里程为948.22万公里。

2019 年我国定期航班条数及里程

指标 · 单位	数量
航线条数（条）	5521
国内航线	4568
其中：港澳台航线	111
国际航线	953
按重复距离计算的航线里程（万公里）	1362.96
国内航线	917.66
其中：港澳台航线	16.71
国际航线	445.30
按不重复距离计算的航线里程（万公里）	948.22
国内航线	546.75
其中：港澳台航线	16.71
国际航线	401.47

截至2019年底，定期航班国内通航城市234个（不含香港、澳门、台湾）。我国航空公司国际定期航班通航65个国家的167个城市，内地航空公司定期航班从30个内地城市通航香港，从19个内地城市通航澳门，大陆航空公司从49个大陆城市通航台湾地区。

对外关系

2019年，我国先后与25个国家或地区举行双边航空会谈或书面磋商。截至2019年底，我国与其他国家或地区签订双边航空运输协定127个，比上年底增加1个（巴哈马）。其中，亚洲有44个（含东盟），非洲有27个，欧洲有37个，美洲有12个，大洋洲有7个。

2019年，我国与新加坡签署适航维修互认协定。

2019年，我国与俄罗斯修订签署适航实施程序，与柬埔寨、老挝修订签署适航谅解备忘录，与贝宁签署适航谅解备忘录，与匈牙利签署适航技术安排。截至2019年底，与我国建立双边适航关系的国家或地区为39个，现行有效的双边适航文件共238份。

2019年世界主要国家机场数量排名（Top20）

世界各国机场数量排行榜

排名	国家	数量
1	美国	15095
2	巴西	4093
3	墨西哥	1714
4	加拿大	1467
5	俄罗斯	1218
6	阿根廷	1138
7	玻利维亚	855
8	哥伦比亚	836
9	巴拉圭	799
10	印度尼西亚	673
11	南非	566
12	巴布亚新几内亚	561
13	德国	539
14	中国	507
15	智利	481
16	澳大利亚	480
17	法国	464
18	英国	460
19	委内瑞拉	444
20	厄瓜多尔	432

2019 全球 20 大机场吞吐量排名

2019 年排名	机场名	吞吐量量级	2019 旅客吞吐量	2019 同比增速	2018 排名	2017 排名
1	亚特兰大	亿级	11053.1	2.90%	1	1
2	北京首都	亿级	10001.1	-1.00%	2	2
3	洛杉矶	八千万	8806.8	0.06%	4	5
4	迪拜	八千万	8639.7	-3.10%	3	3
5	羽田机场	八千万	8510.7	-2.30%	5	4
6	芝加哥	八千万	仅公布至 11 月	1.40%	6	6
7	伦敦希斯罗	八千万	8088.9	1.00%	7	7
8	巴黎戴高乐	七千万	7617.1	5.40%	10	10
9	上海浦东	七千万	7614.8	2.90%	9	9
10	达拉斯沃斯堡	七千万	7506.7	8.60%	15	12
11	广州	七千万	7338.6	5.30%	13	13
12	阿姆斯特丹史基浦	七千万	7170.7	0.90%	11	11
13	中国香港	七千万	7153.8	-4.20%	8	8
14	首尔仁川	七千万	7117	4.30%	19	19
15	法兰克福	七千万	7055.6	1.50%	14	14
16	丹佛	六千万	6901.6	7.00%	17	20
17	德里	六千万	6849.1	-2.00%	12	16
18	新加坡	六千万	6830	4.00%	19	19
19	曼谷素万那普	六千万	6542.5	3.20%	21	21
20	雅加达	六千万	未公布		18	17

2019 年全球机场货邮吞吐量前三名分析

2019 年受经济下行和贸易争端影响，全球大部分货运枢纽机场的货邮吞吐量都出现下滑，香港国际机场、孟菲斯机场和浦东国际机场仍以较高吞吐量位列全球机场货邮吞吐量排名前三。

2019 年香港国际机场完成货邮吞吐量 481 万吨，同比增长 -6.1%，其中，卸货量 164 万吨，同比增长 -9.4%；装货量 317 万吨，同比增长 -4.2%。2019 年香港国际机场保障客运航班 35.33 万架次，约占运输架次的 86%；货运航班 5.8 万架次，约占运输架次的 14%。2019 年虽然受贸易争端和香港局势不稳定的影响，香港国际机场的货邮吞吐量同比 2018 年下滑明显，但仍居世界第一位。

美国孟菲斯机场 2019 年完成货邮吞吐量 432.4 万吨，同比增长 -3.3%，居世界第二位。2019 年孟菲斯机场运输货物 431.5 万吨，运输邮件 8976 吨。孟菲斯机场运输的货物中，国内货物 366.7 万吨，占机场运输货物重量的 84%；国际货物 64.7 万吨，占机场运输货物重量的 16%。

由于孟菲斯机场的货量主要依赖国内市场，受贸易争端的冲击不太明显。2019 年孟菲斯机场与香港国际机场的货量差距缩小到 48.6 万吨，而 2018 年两个机场货量差距达 65 万吨。

2019 年上海浦东国际机场货邮吞吐量 363.4 万吨，同比 -3.6%，位居全球第三位。2019 年浦东国际机场国内货邮吞吐量 33.7 万吨，国际货邮吞吐量 287.6 万吨，地区货邮吞吐量 42.1 万吨。

史 HISTORY.

经过第二次世界大战，

飞机性能和飞行技术都得到了大幅度的提升，

航空业得以快速发展，

机场在全世界范围内的发展也随之而来。

全球经济复苏的同时，

国际交流往来增多，

航空客货运输量显著提升，

大型中心机场，

即"航空港"开始出现。

世界机场是如何发展到今天这个样子的？

How does the world airport develop to this day?　文/Megan

飞行员的机场

1910年，德国已经有48座人口超过10万人的大城市了，整个国家的城市化基本实现，基础交通建设也达到了一定水平。不过，由于飞机刚刚问世几年的光景，所以机场这个新鲜的东西还没有走进人们的视野。

虽然德国并不是飞机的发明地，但历史上真正意义上的第一个机场却出现在德国。

19世纪90年代，德国伯爵斐迪南·冯·齐柏林从德国陆军退役。退役后的齐柏林醉心于飞艇的研究。1900年，他制作的世界上第一款实用的硬式飞艇LZ-1成功首飞，比莱特兄弟早了几年。

齐柏林飞艇采用氢气作为气包的填充气体，整个气包由多个独立的气囊组成。燃料采用的是一种类似煤气和丙烷的可燃气体——Blau gas。相比液体或固体燃料，气体燃料在燃烧之后可以用大气来填充，这样就可以避免再平衡的问题。

记过几番修改与试飞，齐柏林的飞艇设计逐渐成熟，齐柏林飞艇公司正式成立。1910年，世界第一家航空公司DELAG（德国飞艇旅行公司）在柏林成立，为了起降齐柏林飞艇，德国人修建了世界上的第一个机场。不过，这个机场只是一片划定的草地，只有几个人来管理飞机的起飞、降落。另外，机场里设有简易的帐篷来存放飞机。

随着时间的推移，帐篷逐渐发展成了木质的机库，但仍然没有硬地跑道。这样的"机场"，在今天看来，不像一个机场，反而更像当时的公园或者高尔夫球场。在世界航空史的早期，一切都还处于摸索阶段，这座机场里也没有用于和飞行员通话的无线电设备，也没有能够帮助飞行员在恶劣的天气情况下起降的导航系统。据说，空中交通管制只是由一个人挥动红旗作为起飞的信号。当然在这种条件下，飞机只能在白天飞行。

1911年之前，DELAG公司利用齐柏林飞艇在德国西南部的巴登-巴登附近经营一些短途观光业务，每趟1.5~2小时的飞行收费为200德国马克（合今天的人民币9800元）。

1911年，齐柏林公司的LZ 10型飞艇交付DELAG。这艘能载20人的飞艇的速度比之前大幅提高，而且运气明显更好，运营了很长时间都没有事故。DELAG也开始运营一些从巴登-巴登到法兰克福、杜塞尔多夫乃至柏林的城际载客业务。到因为大风损毁之前，这艘飞艇总共飞行218次，运载了1553名旅客。

20世纪初，德国斯图加特的城市形态

到了1928年，DELAG公司利用齐柏林飞艇，开始运营世界上第一条跨大西洋的空中航班。原来从德国到纽约，坐船需要4天的旅程，有了齐柏林飞艇只需要50多个小时。1932年，定期的德国至南美的航班开通，从巴登符腾堡州的腓·特烈港起飞，经过5天的时间可以到达里约热内卢，交通便利极大地提升了人们的洲际交流往来，其中机场功不可没。然而，处于幼年期的机场只是飞行员的机场。

飞机的机场

在莱特兄弟发明飞机后的很长一段时间里，飞机的用处其实并不大。直到一战，飞机被用于战争，人们才意识到飞机的"作用"。

第一次世界大战的时候，使用飞机的国家少之又少。当时飞机并不被认为可以作战，因为飞机的稳定性非常差。尽管如此，飞机还是硬生生地被推上了作战的位置，从此飞机变成争夺制空权的法宝。当然由于一战时飞机还非常简陋，很容易被打下来，所以一战期间，德国和法国都损失不少飞机。

意识到飞机的重要性后，各国都开始重视飞机的建造。随着第一次世界大战的结束，飞行技术得到迅速的应用。1919年后，欧洲一些国家率先开始对机场设计进行初步的改进。

1919年，法国启用了位于巴黎东北方约11公里处的勒布尔热机场（A é roport Paris-Le Bourget），这是巴黎的第一座民用机场。一直到1932年巴黎奥利机场启用前，它都是大巴黎地区唯一的民用机场。这座机场和后来的戴高乐机场、奥利机场成为巴黎都会地区最重要的三座机场，三者都由巴黎机场公司（A é roports de Paris）经营管理。

历史上的勒布尔热机场声名卓著，1927年，法国飞行员夏贺勒·南杰瑟（Charles Nungesser）和福罕索瓦·科利（François Coli）驾驶的"白鸟号"（L'Oiseau Blanc），查尔斯·林德伯格（Charles Lindbergh）驾驶的"圣路易精神号"（Spirit of St. Louis），都是自此机场起飞，进行飞往美国纽约的跨大西洋飞行挑战。前两位法国飞行员不幸在飞抵美国前失踪罹难，而林德伯格则成功成为世界上第一个完成跨大西洋航线的飞行员。

当时勒布尔热机场和英国的伦敦机场保证了巴黎至伦敦的定期旅客航班的开通，欧洲开始建立最初的民用航线。随着世界航空运输的发展，欧美各国开始大规模建设机场，特别是在1920—1939年间，欧美国家的航线大量开通。

为满足新的飞行要求，机场里出现了塔台、混凝土跑道和候机楼，现代机场的雏形已经基本出现。这时的机场可以说主要是为飞机服务，是飞机的机场。

经过第二次世界大战，飞机性能和飞行技术都得到了大幅度的提升，航空业得以快速发展，机场在世界范围内的发展也随之而来。全球经济复苏的同时，国际交流往来增多，航空客货运输量显著提升，大型中心机场，即"航空港"开始出现。

齐柏林飞艇

1946年，英国民航局接管希斯罗机场

社会的机场

1933年是世界运输机发展史上具有重要意义的一年。同年2月8日，美国波音公司的247D原型机载着10名乘客首次试飞。改进后的波音247D型运输机巡航时速为304公里，航程达1200公里。具有流线型外观的全金属下单翼双发客机波音247在芝加哥世界博览会首次亮相时，就被人们誉为"第一种现代客机"。

同年7月1日，美国道格拉斯公司DC-1型运输机首次飞行，后来改进定型为DC-2型，可载客16人，巡航时速274公里，航程1900公里。波音247D和DC-2标志着现代运输机的诞生，它们的结构、性能、乘坐舒适性都较早期的运输机有显著的提高。

1944年，为促进世界民用航空安全、有序地发展，国际民航组织(ICAO)成立。在该组织的倡议下，52个国家在美国芝加哥签署了《关于国际航空运输的芝加哥公约》，这一公约成为现行《国际航空法》的基础。它在国家机场设计方面和空中交通规程标准方面起了十分重要的作用。ICAO标准和推荐的规程包括跑道特性、机场灯光和大量有关安全的范畴。20世纪50年代，ICAO为全世界的机场和空港制定了统一标准和推荐要求，使全世界的机场建设有了大体统一的标准，新的机场建设已经有章可循。

到了20世纪50年代末，越来越多的大型喷气运输飞机开始投入使用，飞机也变成真正的大众交通运输工具。飞机已经采用光滑的承力金属蒙皮的悬臂式下单翼设计、可收放式起落架、襟翼、变距螺旋桨、机体除冰设备、自动驾驶仪、双套操纵系统和飞行仪表，另外还有航管、通信的要求，跑道强度的要求，旅客数量对民用机场的要求等。这一时期，ICAO也为全世界的机场和空港制定了统一标准和推荐要求，使全世界的机场建设有了大体统一的标准，新的机场建设已经有章可循。航空业的全面发展给机场带来了巨大的压力，也促使全世界范围内的机场设施提高了等级。

世界上很多著名的大机场在这一时期飞速发展。1946年，英国希斯罗机场投入使用，这座战后改为民用的机场，逐步发展成为欧洲乃至世界国际业务最为繁忙的机场；1955年，世界上唯一的双中枢机场、世界第二大繁华机场——奥黑尔机场（O'hare）正式开航，首年客运量达到了17.7万人。

随着机场不断升级发展，既保证了航空运输行业日益发展的需求，又带动了机场所在地的商业、交通、旅游、就业等，为机场所在地区的经济发展提供了巨大的动力。机场渐渐演变为整个社会的一个部分，它也成为"社会的机场"。

* 另有一说，1909年的美国马里兰州大学园区机场（College Park Airport)被认为是世界上最老且持续经营的机场。

航空发祥地广州的辉煌过往

The Aviation birthplace Guangzhou's brilliant past. 文／锦芳

虽然北京修造了中国第一个机场，但远隔数千里之外的广州被人们视作"中国航空事业的发祥地"的所在。

这里被称为"中国航空事业的发祥地"不无道理，毕竟它见证了中国第一场飞行表演和第一架国产飞机的试飞。广州大大小小先后出现了8个机场，由此可见当时广州航空事业发展的盛况。广州最早的是燕塘机场，此后是大沙头机场、南石头水上机场、二沙头水上机场、河南沙头机场、石牌跑马场机场、天河机场和白云机场。

1911年4月，比利时飞行员查尔斯·范登堡要到广州表演飞行。经过一番勘察，这位飞行员看中了东北郊燕塘村附近一片开阔的草地，随后，他请人做了修整。

建机场还得有官家的批准，时任两广总督张鸣岐大笔一挥，就有了燕塘机场。这个机场连一条像样的跑道都没有，更谈不上什么航空设施了。不过，范登堡还是在此完成了精彩的表演。更值得一提的是，中国飞行先驱冯如建立的"广东飞行器公司"即设于此。据记载，官方在辛亥革命后还设立了燕塘飞机总站，不过，没多久这座机场就停用了。

为救亡图存，孙中山主张"航空救国"，大力发展航空事业。1920年11月，在赶走桂系军阀后，孙中山从上海返回广州，第二次在广州建立革命军政府，在大沙头设立航空局，时有水陆飞机9架。1923年2月，孙中山回广州就任大元帅，重组革命军政府。3月，当时的航空局局长杨仙逸着手重建空军，后将从美洲筹款所购的数架飞机运至大沙头，并在此建立了大沙头飞机场。革命军政府制造的第一架战斗机——"乐士文一号"就是在此完成了首飞。

大沙头机场是水陆两用机场，水上机场部分位于大沙头南岸对开江面，陆上机场的跑道则位于沙洲中间。由于是军用机场，大沙头机场当年的防卫特别严密，水上机场以"水火罐"划界，陆上机场四周则全部插上红旗，闲杂人等一概禁止入内。

时光飞逝，遥想100年前戒备森严的广州大沙头机场，与现在人烟繁盛、寸土寸金的商业旺地已是迥然不同。

大沙头机场地处珠江边，而在天河，还有另外一座中国近代航空史上声名显赫的机场——石牌机场。这座机场原来是一个面积19万平方米的跑马场，1933年，国民革命军第一集团军司令部将其改建为机场，称为石牌机场，又称启明机场。

机场由当时的西南航空公司和欧亚航空公司管理使用。据记载，石牌机场长732米，宽240多米，附属设施仅有机棚一座，飞机修理厂一所，其他办公用

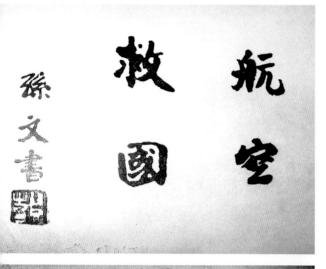

航空救国

孫文書

航空学校

房几座。这所修理厂只负责对飞机进行航前航后检修，如果遇到飞机大修或者配造机件，则由广东空军飞机制造厂和广西航空处修理厂协助修理。

1934年4月14日，石牌跑马场机场迎来了西南航空公司转场的飞机。当日，"启明""北斗""天狼""南极""长庚"等数架原驻白云机场的飞机齐刷刷飞到了石牌机场。

西南航空公司先后拥有的9架飞机都以石牌跑马场机场为基地，在那个风云变幻、战火纷飞的年代，这几架飞机亦是命运多舛。

"天狼"号在机械长黄朝政教秘书梁朋学习飞行时，不慎失火烧毁；

"启明"号在地面试发动机时失火烧毁；

"北斗"号于1937年2月21日由飞行员詹道宇驾驶飞桂林，在广东三水上空遇大雾坠入西江失事，詹道宇和乘客吴伯藩罹难。吴伯藩是陕西省政府顾问，也是我国早期的汽油专家，是应李宗仁、白崇禧的邀请从广州乘飞机至桂林的；

"启明"号飞机于1937年12月飞广州河内航线时，在南宁起飞后约30分钟遇大雨返航，后在南宁郊外附近迫降烧毁。

1936年，广河南线、广河北线两条国际航线相继开通，广桂及广桂邕两条国内航线也获得通航，西南航空公司的经营随之进入鼎盛期，石牌跑马场机场也进入最繁荣的时期。

两年后的1938年，在日寇的蹂躏下，中国大好山河已是满目疮痍。上半年，日军飞机多次轰炸石牌附近的中山大学、天河机场等地，一时间房倒屋塌、生灵涂炭。西南航空公司的经营同样无法避免地受到重创，加之冗员过多和内部贪污等原因，西南航空公司亏空巨大，逐渐难以为继，1938年6月，西南航空

广州白云国际机场

公司停止营业，石牌跑马场机场也被迫停航。抗日战争胜利后，国民政府未批准西南航空公司复航，石牌跑马场机场终被废弃。

1947年，李宗仁看中了废弃的石牌跑马场机场，便用来修建临时总统府。总统府布局规整：中间是三层楼，两边是一层楼，颜色均为黄色。1949年10月14日，广州解放。当年的临时大总统府，在中华人民共和国成立后被拆掉，如今成为华南师范大学图书馆。

历史的车轮滚滚向前，多数机场在完成了自己的历史使命后相继退出了历史舞台，不过有一座机场却完成了华丽转身。在广州市北部约28公里，广州市白云区人和镇和花都区新华街道、花东镇交界处有一座机场——广州白云国际机场。

这座机场飞行区等级为4F级，是中国三大门户复合枢纽机场之一，也是世界前百位主要机场之一。根据2017年8月的信息显示，机场有3条跑道和1座航站楼，远期规划为5条跑道和3座航站楼，有202个客机位，43个货机位（不含FBO）；T1号航站楼总面积52.3万平方米；T2号航站楼共88.07万平方米，于2018年4月投入使用；覆盖全球210多个通航点，其中国际及地区航点超过90个，通达全球40多个国家和地区。它的前身就是1932年始建的旧白云机场。

1932年冬天，国民革命军第一集团军空军在广州的远郊棠下、棠溪、岗贝、萧岗乡征地，始建旧白云机场。1933年11月，白云机场竣工，广东航空学校随即从天河机场迁入，成为飞行学员飞行训练的基地。

1938年10月，广州沦陷，白云机场被日军侵占。之后，日军对机场进行了扩建，将跑道向北延长至1200米、加宽为100米、加厚为0.1米，并增建一条与跑道同等长宽厚的副跑道，机场总面积扩大到134万平方米。1947年3月，国民政府交通部民用航空局接管广州白云机场，主要供中国航空股份有限公司、中央航空运输股份有限公司和国民政府行政院善后救济总署空运队（美国人陈纳德经营）的飞机起降。

1963年2月，空军搬离白云机场，白云机场改为民用机场，经国务院批准，白云机场按照国际机场的标准进行全面扩建。广州白云机场的名称变更为广州白云国际机场。

2000年8月，新白云机场开工建设，一期工程投资196亿元，征地21840亩，其中场内用地21510亩，是中国一次性投资最大的机场工程，也是国家"十五规划"重点工程。新机场占地面积14.4平方公里，为现机场占地面积的4.5倍。航站区按满足2010年旅客吞吐量2500万人次要求设计，一期航站楼面积为31万平方米，货运库面积为8万平方米，按货邮行年吞吐量100万吨的能力设计；飞行区按4E级标准建设，东西跑道分别长3800米和3600米，能起降各类大型飞机。

新白云机场二期扩建工程是列入国家"十二五"规划和《珠江三角洲地区改革发展规划纲要（2008年—2020年）》中的重点项目，扩建内容包括机场工程、空管工程和供油工程三部分，总投资为188.54亿元，其中机场工程投资179.81亿元。机场工程建设内容主要包括新建第三跑道和滑行道系统。

如今，有近70家航空公司在白云机场运营，其中外航和地区公司44家，是中国南方航空、深圳航空、九元航空和龙浩航空等航空公司的基地机场。

作为"中国航空事业的发祥地"的广州，众多机场的兴衰更迭，涅槃重生与中华民族的发展和复兴相生相伴。无论是从无到有，还是从弱到强，中国航空事业始终生机勃勃。

百年历史风云／中国第一个机场

Hundred years of history,China's first airport.

文/Megan

庚子年的故宫，洋人在午门前席地而坐

南苑航空学校教育长蒋逵乘坐法国飞机进行试飞

1949年10月1日，参加开国大典的机群编队通过天安门上空

中国历史上的第一个机场建造于1910年。这一年即清宣统二年，也是中国历史新旧之间的一个分水岭。

光绪二十六年（1900年）清廷对八国联军宣战后，清军一再溃败。六月上旬，慈禧太后改任两广总督李鸿章为直隶总督兼北洋大臣，命其从速来京，全权与各国协商议和。七月十三日（8月7日），八国联军逼近北京，清廷正式任命李鸿章为全权议和大臣，与列强谈判。二十一日，北京沦陷。慈禧出宫避祸西安。

光绪二十七年七月二十五日，奕劻、李鸿章代表清朝廷在北京与英、美、法、德、俄、日、意、奥、西、荷、比11国公使在《最后议定书》（即《辛丑条约》）上签字，共12款，19个附件。丧权辱国的《辛丑条约》令清政府颜面丧尽，且打击巨大，朝廷的保守派开始主动寻求变法。

1901年，在慈禧太后的默许下，清政府着手改革事宜，力图在军事、官制、法律、商业、教育和社会方面进行一系列系统性改革。所谓"新政"，一定程度上推动了中国社会的现代化。从1901到1910的十年间，风雷激荡，"新政"催生了新人新事，不过也摧毁了清廷。

就在这段求新图变期间的1904年，来自法国的两架小飞机在北京南苑校阅场上进行了飞行表演，这是飞机首次在中国土地上起降。不过，这件事并没有引起太多人的注意。

1910年8月，清政府开始筹办航空业，在南苑开办了飞机修造厂试制飞机，并利用南苑的毅军操场修建了供飞机起降的简易跑道，南苑机场也就成为中国的第一个机场。

辛亥革命之后，1912年的3月，袁世凯在北京就任中华民国临时大总统，他采纳法国顾问的建议，于1913年在南苑创建了中国第一所正规的航空学校——南苑航空学校，并花费30万银元买进10架法国"高德隆"双翼教练机。第二次直奉战争后，航空学校停办，但它前后四期培养了100多名飞行员，在中国航空史上也起到了重要作用。

抗日战争时期，日本军方对南苑机场进行扩建，完善了航空指挥设施，并更名为南苑兵营。1945年，日本投降后，南苑机场成为国民政府和"中华民国"空军的重要机场之一，许多国民党军政大员曾在南苑机场登机。

1948年12月，中国人民解放军收复南苑机场。1949年，中华人民共和国开国大典的空中编队从这里起飞；这座机场承担了多次国庆阅兵空军编队的演练任务。

距离北京市区3公里、距天安门广场13公里的南苑机场后来成为军民合用机场，是中国联合航空的基地机场。它的航站楼一年能接待处理120万人次，机场飞行区等级为4C。

2011年底，中国民航局、北京市政府、军方签署了一个三方协议，就南苑机场的搬迁达成共识。2012年7月，北京市丰台区规划局和相关部门研究制定南中轴线发展规划，规划建议搬迁南苑机场，以打通南中轴路；中轴线从永定门向南10公里。

时光风如白驹过隙，南苑机场转眼已历经百年历史风云。

上海机场的前世今生

Past and present at Shanghai Beach Airport. 文／锦芳

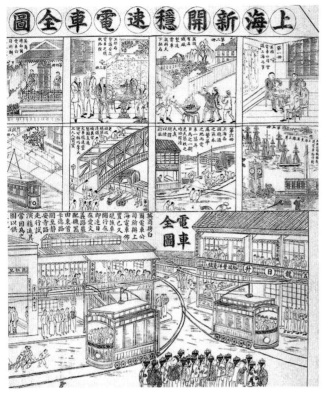

上海新开稳速电车全图

上海原来只是松江府的一个滨海小县。鸦片战争后，上海开埠，外国船只从外洋直溯而上，很快有了十里洋场、繁华世界的模样。当时，上海盛行的交通工具跟全国其他地方并无不同，也是使用中国传统的独轮车和轿子，这两种交通工具是中国所独有的。

1901年，一个匈牙利人带着两辆美国轿车进入上海，第二年上海公共租界工部局才批准这两辆外国车上路。1903年，人类正式从陆地交通开始向空中交通"进化"。在大洋彼岸，美国自行车工人莱特兄弟驾驶的"飞行者"号试飞成功了。飞机开始走入世人视野，旧上海也很快迎来了这个新鲜的事物。

鉴于京沪两地"绾毂南北"，民国十年（1921年），北洋政府有意筹建京沪航空线，这一想法也很快得到实施。空中交通对当时的中国来说，实属不易，要知道，1921年"中国的第一条公路"——长潭路刚刚竣工。北洋政府当局选中上海县（今闵行区）与青浦县（今青浦区）的交界处，圈地267亩，于这一年的3月10日开始修建虹桥机场，并于6月29日基本竣工，不过"扭于经费不足"，仅仅是修建了一条

土质飞机跑道，未能正式通航。1927年国民政府在南京成立后，随着沪蓉航空线管理处的筹建，以及上海至南京航线的开航，虹桥机场才正式使用。

就在虹桥机场开建的第二年——民国十一年（1922年），当局在上海建造了另外一个陆军机场——龙华机场。此地位于上海市中心区西南部、黄浦江的西岸，毗邻著名的龙华寺，因而得名。

1915年末，北洋政府淞沪护军使署因驻扎军队之需，选定在上海西南黄浦江边的龙华镇百步桥一带圈定民田约16.68万平方米（250余亩），建造营房和操场。这个江边大操场也就是龙华机场的原型。

出于军事训练的需要，北洋政府驻上海陆军第十师于1917年在国外订购了6架飞机。由于装配飞机需要宽阔的场地，军方把龙华大操场选作飞机装配之地。1922年，龙华大操场被正式辟建为龙华机场，它也成为上海第一个由陆军管辖的军用机场。

1922年9—11月间，为存放装配好的飞机，北洋政府分别在大操场内建造了6间竹房和3大间瓦房。1929年6月，国民航空署奉令从淞沪警备司令部接

建于1901年的上海外滩九号招商局旧址（现仍存于外滩）

1945年8月14日，本政府接受《波茨坦公告》

管，改为民用机场，并设立了"龙华水陆航空站"管理机构，同年，投入民航运输。著名的"中国航空公司""欧亚航空公司"即诞生于此。

扩建后的龙华机场可供水上、陆上飞机起降。经不断修建，到1936年淞沪抗战前，龙华机场已被打造成当时中国最好的民用机场。上海沦陷后，为满足战斗机停机需要，日军对龙华机场进行了一系列扩建。

1945年8月15日，日本裕仁天皇向全日本广播，接受《波茨坦公告》、实行无条件投降，结束战争，"日本军队将被解除武装，并遣送回国"。日本投降后，虹桥和龙华两大民用机场正式划归国民党空军管辖。国民政府对机场进行扩建，加铺了水泥混凝土道面，同时健全了航行管理和夜航灯光等设施，盖了一座弧形候机楼。龙华机场成为中国民用航空运输的枢纽机场，在远东地区是屈指可数的一个国际机场。

中华人民共和国成立后，虹桥机场成为空军机场，龙华机场则继续作为民用机场。1952年，军委民航局上海站（亦称上海航站）在龙华机场成立，龙华机场一度成为航空门户。不过，随着上海市的建设，由于龙华机场靠近市区，净空受限，所以从1966年8月起，航班飞机开始转场虹桥国际机场起降，龙华机场被国家民航总局定格为2B通用机场，主要承担运五及以下飞机起降、备降任务以及本航站范围内的航务管理、地面保障及行政管理。

进入21世纪，为配合上海龙耀路隧道建设，龙华机场内的跑道被拦腰截断。龙耀路隧道通车后，原

跑道被命名为云锦路。根据2008年中国民用航空华东地区管理局和上海市发展和改革委员会签订的《共同推进龙华机场地区规划建设框架协议》，龙华机场被调整为民用直升机场。

2012年5月9日，据上海龙华机场还建工程环评文件披露，龙华机场今后的功能定位以高端通用航空服务业为主，兼顾城市管理、城市安全、城市防火和应急救援，主要供西科斯基飞机公司S-92及以下机型使用，飞行航迹主要沿黄浦江布设。预计到2020年，龙华机场年起降4000架次，高峰日起降12~15架次，高峰时期将2~3架次。

在20世纪60年代，虹桥机场则走向另一条发展道路。1963年，经国务院总理周恩来批准，扩建为国际机场，产权属民航，但为军民合用。1964年3月30日，民航总局在虹桥国际机场里组建了民航上海虹桥航站，管理道坪和候机楼等设施。1972年，驻场空军撤离，虹桥国际机场全部由民航管辖。民航上海管理局机关自龙华机场迁至虹桥国际机场，虹桥航站撤销，实行局站合一体制。

1987年12月，民航上海管理局在实施体制改革中，将与机场维护、管理有关的部门分离出来，专门组建了上海虹桥国际机场这一独立经营机构，对虹桥国际机场实施经营管理。1994年12月，经国务院办公厅批准，虹桥国际机场由民航总局移交上海市人民政府管理。至1995年，虹桥机场全年飞机起降量已达8,5670架次，进出旅客为1,1076,018人次，货邮吞吐量

1949年10月1日，参加开国大典空中受阅的空中机群编队通过天安门上空

为366302.1吨，成为中国三大国际航空港之一。到了2017年，虹桥国际机场建筑面积达51万平方米；航站楼面积44.46万平方米，拥有跑道两条，分别长3400米和3300米；停机坪约48.6万平方米，共有89个机位。

旧上海除了这两个建于20世纪20年代的机场外，1939年还建有另外一个机场——江湾机场。这个机场位于杨浦区，是侵华日军强占民田、拆毁殷行镇所建；占地7000亩，有4个指挥台，跑道长1500米，用三合土与沥青混合铺就，跑道成"米"字形，以便飞机可以从各个方向起降。

一直用作军用机场的江湾机场是远东最大的机场。抗战胜利后，国民党军队接管机场。新中国成立后，则由中国人民解放军接管，经改建成为亚洲占地面积较大的机场之一，并归空军航空兵部队管理使用。

这座机场的飞行使命坚持到了1994年6月。这一年，机场正式停用。废弃的江湾机场长期无人管理，荒置多年，因此在机场原址上自然生成了大型的湿地，众多原生动植物，成为上海市区难得的半天然绿肾。后来，上海市人民政府决定在最大限度上保留原有的自然景观、保护环境的基础上进行开发。现在，这一地块被称为"新江湾城"。

众所周知，上海现有两大民用机场——虹桥国际机场和浦东国际机场。位于浦东新区的浦东机场距上海市中心约30公里，为4F级民用机场，是中国三大门户复合枢纽之一。不过，与前面提及的三个机场相比，浦东机场算得上是实实在在的"后辈"了。

1986年，上海市开始规划上海浦东国际机场。原定于原川沙县合庆乡境内建造，后经技术论证，发现下有两条地震断裂带，于是南移4.8公里进入原南汇县祝桥乡、东海乡境内。20世纪90年代，中央和上海做出了建设上海浦东国际机场的战略决策。1994年7月，上海市委、市政府提出了"完善虹桥，加快浦东"的上海航空港建设方针，决定对虹桥机场进行改扩建的同时，抓紧建设浦东机场。1999年，上海浦东国际机场建成。如今，拥有浦东和虹桥两大国际机场的上海，继伦敦、纽约、东京、亚特兰大之后，成为全球第5个航空旅客跨入亿级"俱乐部"的城市。

民航机场安检发展简史

Brief History of Civil Aviation Airport Security Inspection Development. 文／穆晓晓

机场安全检查并非伴随民航业的产生而产生的

1919年，法国与比利时之间开通了世界上第一条国际民航客运航线，标志着交通运输拥有了划时代的新方式、新体系。同年，26个国家在巴黎签署的《关于管理空中航行的公约》，即《巴黎公约》，是第一个关于航空的国际公约，也是第一部最完整、最重要的国际航空法法典，对国际航空法的建立和发展具有重要作用。这一年也被人们视作世界民航史元年。

世界民航发展初期，飞机作为全新的交通工具，数量少，载客量也小，其影响并不大，当时也没有恐怖分子想着打飞机的主意。第二次世界大战后，国际民航业迅猛发展，尤其是进入喷气时代后，影响日益加大。尽管如此，直到20世纪70年代，乘坐飞机也远不像今天这么大众化。当时有能力负担得起乘机费用的人多为中上阶层，所以那个年代的安检并不严格：赶飞机和赶火车没什么区别，乘客提前买好票后，在飞机起飞前5分钟到达机场大门都来得及，没有安检之类的程序。

随着国际形势的变化，国际恐怖主义活动日趋频繁。恐怖分子开始把注意力放到影响日益变大的民航飞机上。仅1970年一年，全球就出现了84起炸机事件。

1970年，一伙巴勒斯坦恐怖分子劫持飞机，强行飞往开罗并撞机。当时有4个劫机者意图劫持EI AI 707，不过，其中两人没通过以色列的安检，没能登

上飞机。另外两个成功登机的劫机者里，一人被乘客拿瓶子砸中头部后被一名以色列中将击毙；另一人被乘客制服，在飞机紧急降落伦敦后被捕。

遗憾的是，一开始没能登机的两个劫机者后来登上了泛美航空的一架747，并劫持了那架飞往埃及的飞机。两个劫机者在乘客下飞机后烧毁了飞机。没过

多久，另外的巴勒斯坦恐怖分子又劫持了一架飞机，用以交换在伦敦被捕的那名恐怖分子。这次事件使人们意识到"坐飞机要安检"。这才有了今天机场里严格的安检流程和金属探测器。

为了减少劫机事件的发生，在此之前的1963年9月14日，国际民航组织在东京签定了《关于在航空器上犯罪及某些行为的公约》。到了1970年12月16日，该组织又在荷兰海牙签定了《制止非法劫持飞机的公约》，但东京公约和海牙公约签字后，国际劫机案件并没有得到有效遏制。相反，民航飞机和民航设施的破坏案件还在不断发生。于是1971年9月8日—23日，国际民航组织在加拿大蒙特利尔召开了航空法外交会议，并于9月23日签定了《关于制止不利于民用航空安全的非法行为的公约》。无论如何，民航业内已然形成了一种安全共识。

公约归公约，行动归行动。世界各国政府和航空公司意识到了采取必要防范措施的严峻性。在航运事业发达的资本主义国家，安全技术检查应运而生，并在短短几年中迅速发展成一种全球性的航空保卫工作，以保证飞机和旅客的安全。

20世纪70年代前两年，机场安全检查采取的是人工检查的方式。这种方式时间长，工作量大，易受主观影响。到了70年代中期，开始采用人工检查和质量不高的仪器并用的方式。后来，检查仪器的质量、使用规模和安全检查的组织结构日益趋向完善，直到目前这种综合型的手段走向全新的阶段。

当时的中国尚处于封闭时期。另外，飞机也不是主要的交通工具，乘坐飞机需要县团级以上单位开具

介绍信。所以这一时期我国机场也不需要后来针对大众制定的安全检查流程，这也导致多年来机场安检工作的建设没能成形。

1972年6月，中国投票赞成联合国安理会通过的一项提案。提案要求各国在其管辖范围内采取一切适当的措施阻止和防止飞机劫持事件的发生。1974年10月，国务院批准在国际机场实行秘密检查，不过并没有取得什么实际效果。

1979年3月，国际民航驾驶员协会决议要求对劫持行动采取控制措施，强调如不采取完备的控制措施；任何客机将不从机场起飞。当时还有外国航空局对我国不进行安全检查工作提出了意见。中东某国驻华使馆参赞曾多次谈过这一问题。非洲某国外交部也向我使馆提出，请我国政府允许其航空公司在北京检查乘坐其班机的旅客和行李，以确保安全；如不同意，则要求我国政府做出书面保证，如发生事件，要承担一切后果。

另外，随着中国改革开放的进展，国内外形势都要求我国加速开展机场安全检查工作。于是在1979年5月，公安部与民航总局联合派出考察团，赴法国、瑞士考察其机场安全检查工作。考察团回国后，分别于1979年6月12日和6月27日向国务院递交了两份考察报告。详细介绍了外国机场的安全检查设备、方法等，并提出了建议。1980年9月，国务院批准了公安部、民航局的报告，同意对国际航班实施安全检查。

20世纪80年代乘飞机时几乎没有安检的概念，我记得在办登机手续的柜台旁有一张告示，说明哪些东西不能带上飞机，寄行李时有时会问一下是什么东西，但没有什么检查，更没有安检仪器或设备。对带茶水登机没有限制，那时还不大有保温杯，有的乘客拿着一个装满茶水的大玻璃瓶。以后开始有了对乘客和行李的安检，并且越来越严格，禁止的范围也越来越广。如饮料茶水，开始时只要当着安检员喝一口就能带入，以后大多完全禁止。

中国的安检特色还一度包括对乘客的限制。卓长仁劫机案发生后，民航规定乘客购票不仅应持有厅局级以上单位的证明，还必须由厅局长签名盖章。我们复旦大学出差乘飞机的人多，本来只要到校办开介绍书就可以了，这下子都得找校长谢希德教授签字，她不胜其烦，但又不能不签。好在实行不久恢复原规定了。一时乘客大减，正好谭先生与我乘上海去沈阳的航班，飞机上几乎没有几位乘客。

——著名学者葛剑雄撰文回忆20世纪80年代的机场安检

为了全面实施机场安检工作，1980年10月底，公安部边防总局在北京召开了全国十个空港边防检查站（有国际航班的机场）的会议。1981年3月15日，公安部发布了关于航空安全检查的通告，并决定自4月1日起对民航国际航班实施安全检查。11月1日，又开始对民航国内航班实施安全检查，从此中国的安检工作走上了新的发展道路。

最初的安全检查工作只对国际航班实施检查，检查工作由边防检查站负责。到了1981年11月，全面的安全检查工作展开，安检工作移交民航公安保卫部门负责。1983年7月，武警安全检查站成立，安检工作由武警部队全面负责。这一时期，安检管理体制逐步形成了。

全世界的机场技术直到1980年后才开始出现重大变革，虽然这之前美国国土安全部已经开始测试面部识别技术和生物扫描器用来识别抵达美国的可疑乘客。机场安检站需要安全和速度的持续平衡。乘客要快速乘机，同时又要保障安全。除此之外，机器还应该避免误报，应该区分真正的威胁和疑似威胁，还不能侵犯乘客的隐私。

20世纪90年代开始，我国机场安检工作由部队负责的做法已不再适应形势发展。1992年4月，机场安检工作全面移交给民航系统，各民航机场开始组建安全检查站。

到了21世纪，机场X光行李扫描机器很快就会变成古董，更加先进的电脑断层扫描器将取而代之。这意味着大多数乘客的行李将实现无缝通过。目前电脑断层扫描器已经用于扫描大型的已经检查过的行李。从某种意义上来说，这是一个"飞跃"——乘客再也不用在过机场安检的时候把手提电脑或液体之类的物品了从行李中取出来了。而这个"飞跃"可能意味着机场安检开始彻底脱离检查站了。

现在，美国运输安全局开始把安全看作一个生态系统。这个系统在乘客还没抵达机场时便已开启，直到乘客抵达目的地时结束。迅速发展的技术正在改变着旅客和机场安全的关系，而保证旅客的安全始终是最重要的事情。也就是说，不管在美国还是其他地方，改善机场的安全基础设施仍是一项艰巨的任务。

奇 RARE.

一

有人说，

对于香港，

20 世纪 70—80 年代

似乎是为它量身定做的时代，

每一次的浪潮它都稳稳地立于浪头之上。

那是一个遍地是黄金的岁月，

启德机场伴随了它的辉煌。

机场局部布局构形图 Airport Partial Layout Configuration

成都双流国机（出发）
Chengdu Shuangliu International Airport

楼层信息概况　Levels Information

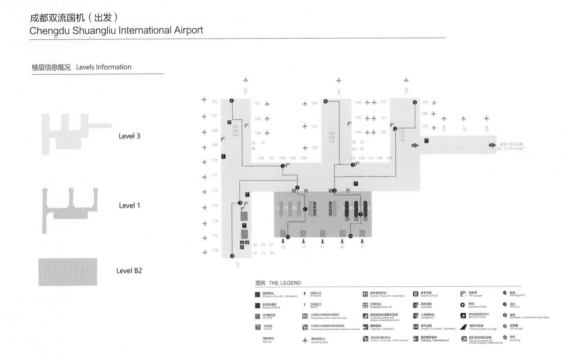

Level 3

Level 1

Level B2

成都双流国际机场

伦敦希思罗国际机场 T4 航站楼（出发层）
London Heathrow International Airport（Departure Level）

1F 一层出发
Departure Level

楼层信息概况　Levels Information

Terminal 4 Plan

伦敦希思罗国际机场 T4 航站楼

青岛国际机场（出发）
QingDao International Airport (departure)

楼层信息概况　Levels Information

Level2

Level1

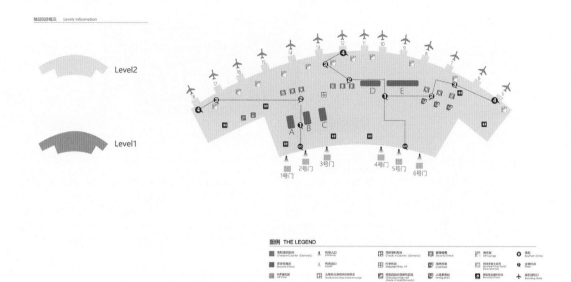

图例　THE LEGEND

青岛国际机场

2F　首都机场二层区域分析图　　2F GUIDE REGIONAL ANALYSIS SHOWS THE SYSTEM DIAGRAM

首都机场2号航站楼　　Terminal 2

首都机场2号航站楼　　Terminal 2 plan

Level 3
Level 2
Level 1
Level -1
Level -2

首都机场2号航站楼　　Terminal 2

首都机场2号航站楼　　Map of terminal

图例　THE LEGEND

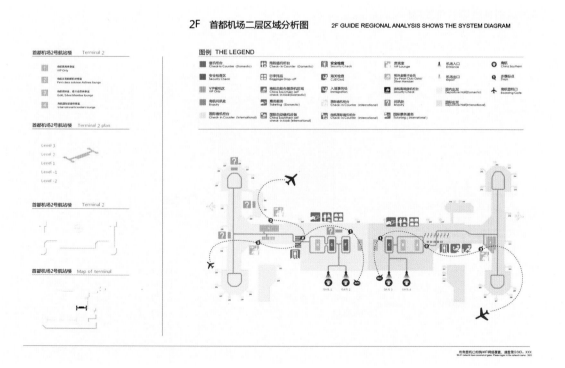

首都机场二层区域

广州白云国际机场T2航站楼(出发层)
Guangzhou Baiyun Airport Terminal 2 (Departure)

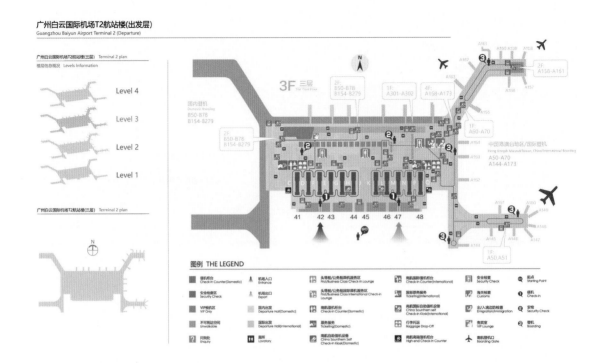

广州白云国际机场 T2 航站楼

洛杉矶国际机场（出发层） Los Angeles International Airport

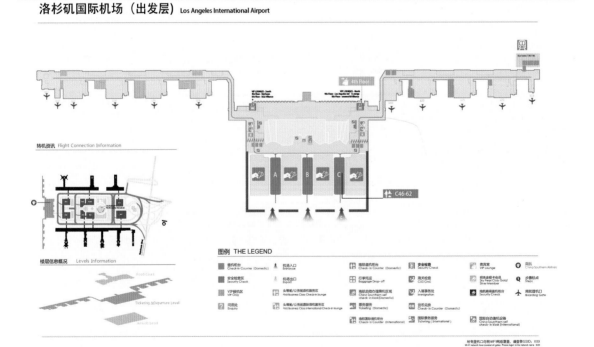

洛杉矶国际机场

上海虹桥国际机场T2航站楼 SHANGHAI HONGQIAO AIRPORT (Area Boarding Gates)

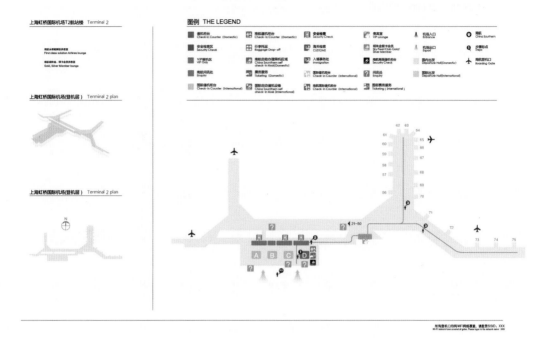

上海虹桥国际机场 T2 航站楼

首尔仁川国际机场(出发层)
INCHEON INTERNATIONAL AIRPORT (Area Boarding Gates)

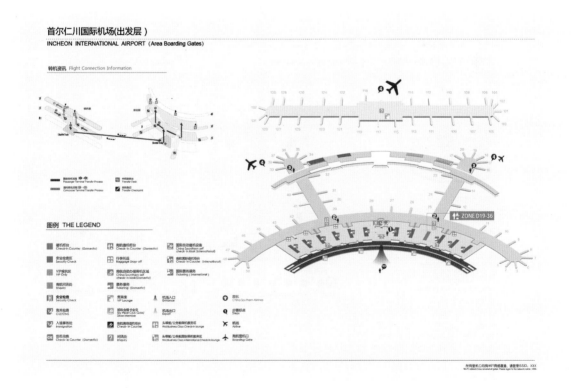

首尔仁川国际机场

温哥华国际机场 T1 航站楼（出发层）
Vancouver International Airport（Depature Lecel）

转机资讯 Flight Connection Information

图例 THE LEGEND

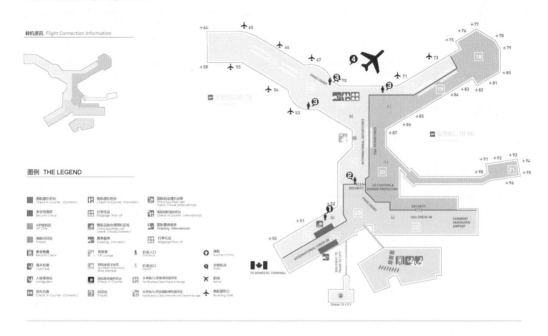

温哥华国际机场 T1 航站楼

悉尼国际机场T1航站楼（出发层）　　Kingsford Smith Airport（Departures Level）

南航值机柜台信息查询：http://www.sydneyairport.com.au/

转机资讯 Flight Connection Information

图例 THE LEGEND

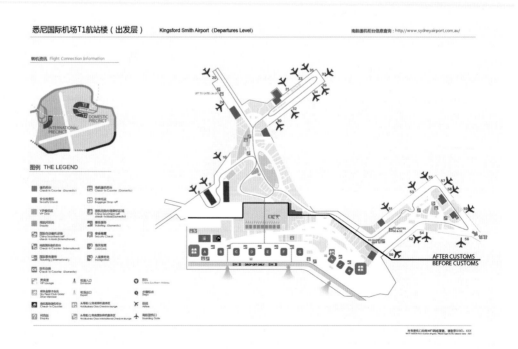

悉尼国际机场 T1 航站楼

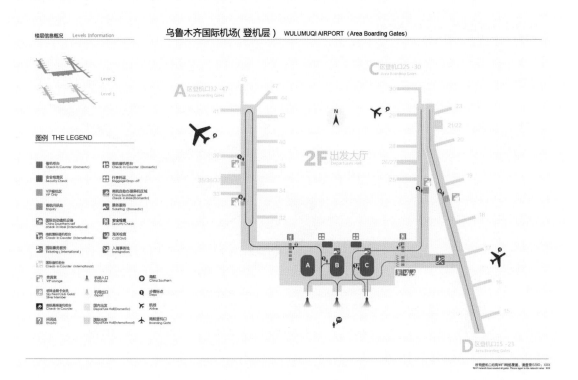

阿姆斯特丹国际机场

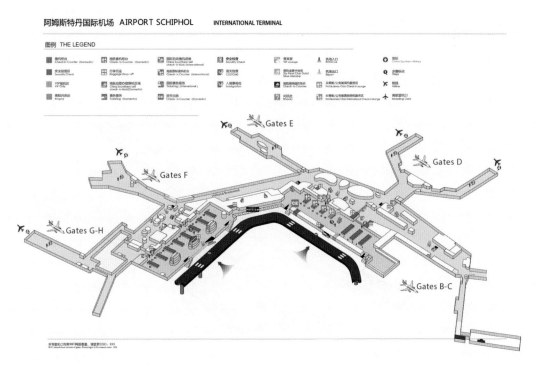

阿姆斯特丹国际机场

奥克兰国际机场(出发层）Auckland Airport
INTERNATIONAL TERMINAL / FIRST FLOOR

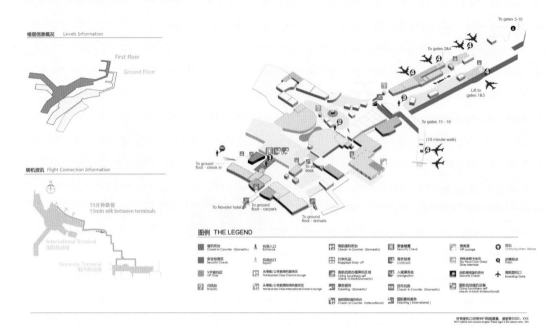

奥克兰国际机场

巴黎夏尔•戴高乐国际机场(出发层）CHARLES DE GAULLE AIRPORT (Area Boarding Gates)

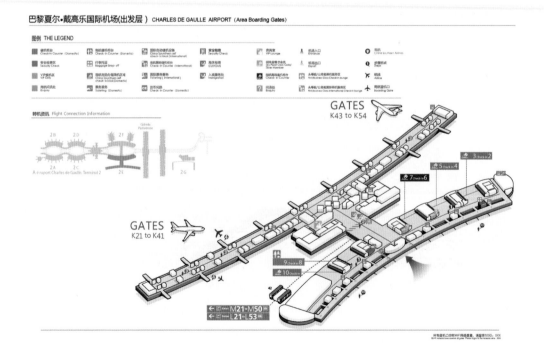

夏尔•戴高乐国际机场

东京成田国际机场 T1 航站楼（出发层）
Tokyo Narita International Airport (Departure Level)

楼层信息概况　Levels Information

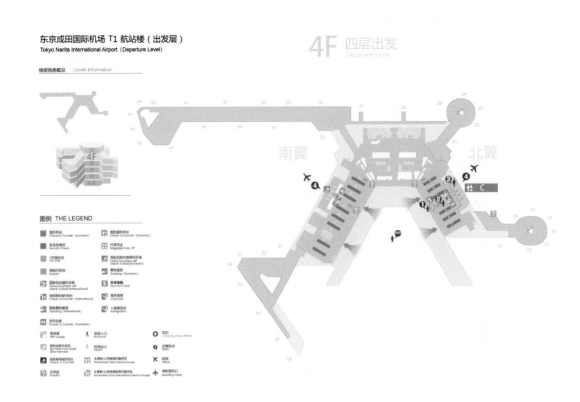

图例　THE LEGEND

值机柜台 Check-in Counter (Domestic)
安全检查区 Security Check
VIP候机区 VIP Only
南航问讯处 Enquiry
国际自助值机设备 China Southern self check-in kiosk (International)
国际票务服务 Ticketing (International)
兑币兑换 Check-in Counter (Domestic)
贵宾室 VIP Lounge
明珠金卡会员 Sky Pearl Club Gold/ Silver Member
南航高级值机柜台 Check-in Counter
问讯处 Enquiry

南航值机柜台 Check-in Counter (Domestic)
行李托运 Baggage Drop-off
南航自动值机区域 China Southern self check-in kiosk (Domestic)
票务服务 Ticketing (Domestic)
安全检查 Security Check
海关检查 CUSTOMS
入境事务处 Immigration

机场入口 Entrance
机场出口 Export
头等舱/公务舱国际值机服务区 First/Business Class Check-in lounge
头等舱/公务舱国际值机服务区 First/Business Class International Check-in lounge

南航 China Southern Airlines
步骤标点 Steps
航线 Airline
南航登机口 Boarding Gate

东京成田国际机场 T1 航站楼

迪拜国际机场　DUBAI AIRPORT　INTERNATIONAL TERMINAL

图例　THE LEGEND

值机柜台 Check-in Counter (Domestic)
安全检查区 Security Check
VIP候机区 VIP Only
南航问讯处 Enquiry

南航值机柜台 Check-in Counter (Domestic)
行李托运 Baggage Drop-off
南航自动值机区域 China Southern self check-in kiosk (Domestic)
票务服务 Ticketing (Domestic)

国际自动值机设备 China Southern self check-in kiosk (International)
南航国际值机柜台 Check-in Counter (International)
国际票务服务 Ticketing (International)
兑币兑换 Check-in Counter (Domestic)

安全检查 Security Check
海关检查 CUSTOMS
入境事务处 Immigration

贵宾室 VIP Lounge
明珠金卡会员 Sky Pearl Club Gold/ Silver Member
南航高级值机柜台 Check-in Counter
问讯处 Enquiry

机场入口 Entrance
机场出口 Export
头等舱/公务舱国际值机服务区 First/Business Class Check-in lounge
头等舱/公务舱国际值机服务区 First/Business Class International Check-in lounge

南航 China Southern Airlines
步骤标点 Steps
航线 Airline
南航登机口 Boarding Gate

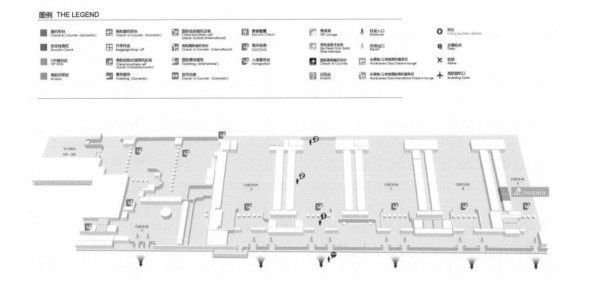

迪拜国际机场

凤栖南城，天下安宁

——北京大兴国际机场

Brief History of Civil Aviation Airport Security Inspection Development. 文/Megan

北京大兴国际机场最早规划于2000年，当时北京首都国际机场尚能满足需求，因此大兴国际机场的建设并未被提上日程。2008年，北京奥运会举办，首都机场T3航站楼投入使用，旅客需求得到了一定缓解，大兴国际机场暂被搁置。

两年后，首都机场客流量迅速上升，到了2014年达到8365万人次，稳居世界第二，航班趋于饱和，新机场的建设已经迫在眉睫。

2014年12月15日，国家发改委批准北京建设新机场项目。

北京大兴国际机场设计方案是集体智慧的结晶，伊拉克裔英国女建筑师扎哈·哈迪德（1950—2016年）与ADP Ingenié rie (ADPI)为机场做了联合设计，最后由本地建筑事务所做实施前的准备。

整个新机场航站楼的外形有如凤凰展翅，与位于北京顺义区的首都国际机场形成了"龙凤呈祥"的双枢纽的格局。首都国际机场航站楼（T3）设计师诺曼·福斯特运用空气动力学原理模拟飞机机翼划过时空气的流动曲线，形成现在的双曲穹拱形屋顶，再以中国传统色彩加以渲染，使得整个建筑形象宛如一条游龙蜿蜒盘踞。

犹如凤凰展翅的北京大兴国际机场航站楼，看上去像五指张开。这样的设计主要考虑了它的功能性，放射状的构型不仅可以设置更多的进机位，五指廊的两侧是停靠飞机的廊桥，旅客从候机楼中心到最远登机口的步行距离也不到600米，不会超过8分钟。设计师测算，这样的效率优于世界其他同等规模机场。这样的设计也与航站楼的核心区形成了一个形态稳定匀称的整体构型。

从外面看航站楼，屋顶由一个中央天窗以及6个条形天窗外加8个气泡窗和贯穿指廊中部采光带组成，可以充分吸收自然光，保持内部结构的充足采光。随着工程进展，当航站楼精装修时，五指廊将主要进行机电安装和装修工程。特别是五个指廊的末端还设计有五个室外庭院，主题分别为丝园、茶园、瓷园、田园、中国园，总建筑面积约1万平方米，不仅呼应丝绸之路的内涵，也可为旅客带来中国园林式的候机体验。

对于设计师扎哈·哈迪德，坊间评论：未成名之时，扎哈·哈迪德的设计制造了纸上谈兵的争议；成名之后，她的设计制造了现实中超现实的争议。毫无意外，北京大兴国际机场作为她的首个机场设计项目，造型又一次成为世人关注的焦点。

除了造型奇特之外，北京大兴国际机场航站楼的内部构造同样令人惊奇。整个航站楼一共使用了12800块玻璃，其中屋顶用玻璃8000多块。由于屋顶采用流线曲面构造，从内部看，每块玻璃都有独特的角度，8000多块玻璃没有两块是完全一样的。

整齐排列的铝网根据屋面曲面变化而有不同角度，不仅可以避免强烈日光直射内部，还能满足航站楼日常自然采光需求。总之每块玻璃的细节都经过了精密设计。

伊拉克裔英国女建筑师扎哈·哈迪德

作为全球最大的机场航站楼，中央核心区就好像一片钢铁森林。向上看，核心区整个屋顶是不规则自由曲面、空间网架钢结构，它由63000多根杆件和12000多个球节点拼装而成，投影面积有18万平方米，整个用钢量4万多吨，和鸟巢的用钢量差不多。

如此大的空间，使用的柱子却很少，有8根拔地而起的C型柱有力地托起了整个屋盖。这里是国内到达和出发的混流层，8根C型柱包围形成的这个巨大的无柱空间，提供广阔，通透的视野。

建成后的北京大兴国际机场航站楼是目前世界上唯一一座双进双出航站楼，所谓"双进双出"就是有两个到达层和两层出发层。这样的设计能解决目前机场出发、到达集中，落客难的问题。双层桥分别对应航站楼的三层和四层。三层车道边主要停靠私家车、出租车及贵宾车辆。四层主要停靠大巴车、私家车及出租车。航站楼三层中部为自助办票及自助行李托运，与国内安检平层。四层中部为国际办票柜台及行李托运，两侧为国内普通办票柜台及行李托运。

值得一提的是，航站楼地下有六条轨道线路南北纵贯航站区，高铁、城铁、地铁站台位于航站楼正下方，京霸铁路、廊涿城际、新机场线、R4线和S6线从这里通过。

机场下面跑火车？没错。大兴国际机场采用了先进技术——层间隔震技术。在航站楼首层板下通过隔震装置将首层与地下一层的结构完全分开，起到了隔震作用，且不影响地下一层的正常使用。这一技术的应用，作为本工程最大的亮点也是最难解决的问题，有效地缓解了地下轨道运行时所产生的震动对航站楼的影响，也解决了中心区屋面结构支撑的问题，属于国内首创。

除了轨道交通外，航站楼主楼首层东西两侧分别设置了两处大巴候车区域，西侧服务于北京方向，东侧服务于河北方向。北京大兴国际机场旅客航站楼及综合换乘中心承担了京津冀一体化区域性综合交通枢纽的职责，作为新国门和京津冀结合部的重要交通建筑，除了航空功能外，还承担了陆运和轨道运输等多种功能。

目前来看，北京大兴国际机场主要由旅客航站楼、换乘中心、综合服务楼和停车楼组成，其中航站楼综合体总建筑面积142万平方米。

按照设计，到2025年，北京大兴国际机场年旅客吞吐量将达到7200万人次，货邮吞吐量200万吨，飞机起降62万架次。远期旅客吞吐量将达到一亿人次。未来，北京大兴国际机场将和首都机场构成双枢纽运行的格局，与天津滨海机场，石家庄正定机场形成京津冀世界级机场群。

为适应吞吐量需求，北京大兴国际机场远期规划了七条跑道，本期建设四条。新机场外围正在建设的"五纵两横"立体交通网，将以北京新机场为核心，打造京津冀交通圈，预计通达雄安新区只需要30分钟。

光辉岁月，难忘启德

Brief History of Civil Aviation Airport Security Inspection Development.   文／Megan

1998 年 6 月，从直升机上拍摄的启德机场

1999 年 3 月 7 日，香港新城电台在著名的香港启德机场的维修机棚内主办了一场演唱会。当时正逢 Beyond 乐队组队 15 周年，不过这不是乐队 15 周年的纪念演唱会。宽阔的场地内聚集了万余名热情的歌迷，Beyond 乘坐装甲车出场，风光无限。

演唱会的前一年——1998 年，香港启德机场停止使用。回望历史，对于香港人来说，这座机场的过去恰好可以用 Beyond 的一首歌曲的曲名加以诠释——光辉岁月。

就像人们今天怀念经典港片一样，有人开始怀念香港启德机场，毕竟不少香港人是从小看着启德机场超低空起降的飞机长大的，这段往事已成为香港人最值得回味的记忆之一。1998 年 7 月 6 日凌晨，随着最后一架航班 CX251 的离场，运营了 73 年的香港启德机场完成了自己的历史使命，被正式关闭，取而代之的是位于新界大屿山赤鱲角的新的香港国际机场。

一半居于城市之中，一半嵌于海上

20 世纪 20 年代，香港人口激增，住房需求上升。当时著名华人绅商何启与区德（区泽民）等人合资经营"启德营业有限公司"。他们开始在九龙城寨外的九龙湾北岸大规模填海造陆，完成新填地 120 英亩。其中靠近城寨外之龙津埗头的新填地，被辟成多条街道，筑成数百栋民房，形成了九龙城寨外一个新的花园城市式住宅区。这段地区就叫"启德滨"。

1924 年 2 月，美国人哈利·亚弼（Harry Abbott）向启德营业有限公司租用了一部分填海土地，开办飞行学校。翌年，启德机场正式启用。香港政府此时也建议保留启德的土地，以便日后有需要时作为扩建机场之用。

香港政府的一份报告指出，启德一带是香港可找到的最大面积土地，可供兴建跑道及停泊飞机，而隔邻的九龙湾的海湾则可供水上飞机降落及停泊，因此启德是最适宜做机场用地。亚弼的飞行学校不久便停办，不过启德营业有限公司也无法把土地发展成住宅区，于是启德正式被征用为机场。1927 年 12 月，香港政府与启德投资公司达成协议，以港币 1,007,250

1993年11月4日，华航CI605班机在降落启德机场时冲出跑道掉入海中

元购入土地。政府开始扩充启德以作为机场之用。

1928年，政府在启德修建了一条混凝土下水滑道，供水上飞机在九龙湾升降之用，机场基本工程在1930年完成。1934年，亚洲第一家飞行学院——远东飞行训练学校（Far East Flying Training School）在启德开办。1935年，机场的首座指挥塔和飞机库落成。

不过，此前机场的跑道并不正规。直到1939年，机场第一条长457米的正规跑道才落成。这条东西向的跑道称为07/25跑道。此后，二战中的启德机场饱经战火洗礼。1954年，香港推出机场发展总纲计划，决定将启德发展成国际机场。政府填海建造一条长2,194米从九龙湾伸延至维多利亚港的新跑道来取代旧的跑道。这就是启德机场关闭前还在使用的13/31跑道。启德机场特殊的地理位置使得它一半在城市之中，一半嵌于海上。

跑道危险又不乏趣味

虽然启德机场是国际化大都市的重要航空枢纽，却只有13/31这么一条伸入维多利亚港的跑道。这条跑道曾多次加长，机场关闭前长度为3390米。

机场紧邻九龙城闹市，三面环山。机场北边和东北方向约10公里外的山高达600米；东边的山距离跑道只有5公里。机场南面是维多利亚港，而海港外不足10公里之处是一座高度约520米的高山。只有机场的西面以及跑道东南方向正对的鲤鱼门峡角没有高山阻挡。跑道与东面观塘之间有一条狭窄的水道相隔，跑道尽头就是高山和民居。

香港属于亚热带季风气候，盛行风为东风。因此，一年中机场使用13号跑道降落的时间比31号跑道多。然而，飞机降落在13号跑道就必须在摩天大楼之间急转弯四十多度对准跑道。一旦碰到强劲东北风，只能侧风着陆。如果刮台风，着陆更加困难，一不小心，飞机就会掉进大海。国泰航空一位飞行员曾这样描述："启德机场是唯一一个在离地不到150米的空中，需要转向45度才能进入跑道的大型机场。当飞机穿梭于高楼大厦之间，紧贴着格仔山的巨型方格时，就要使飞机转向，准备降落。"

对于飞机上的乘客，特别是坐在机舱右边靠窗的人来说，飞机降落时他们可以感觉到飞机与地面距离越来越近，地面位于深水埗及旺角的拥挤的街道、鳞次栉比的楼房及行色匆匆的行人都清晰可见，但前方却看不到跑道。更为夸张的是，有时候乘客可以清楚看见民居内的电视画面或天台上晾晒衣物的颜色，十分有意思。当他们看到跑道数秒后，飞机起落架已接触到海港中央的跑道，完成降落。

独特的降落方式和机场的特殊环境让启德机场的13号跑道知名世界，机场也因此有了"世界十大危险机场之一"的称号。

1998年启德机场最后一个营业日众多香港市民聚集在停车场用相机捕捉启德机场最后的航班

功成身退

1970年，为了应对新一代大型喷气客机的需求，机场跑道扩展到2,541米。这一年，第一班由泛美航空运营的波音747定期航班在启德机场降落。随着机场安装了进场仪表导航系统，飞机已经可以在恶劣天气下在13跑道降落，机场的使用量也随之大幅增加。到了20世纪70年代中期，机场内已有31家航空公司在香港经营。此时的启德也完全成为民用机场（原有英国皇家空军使用）。1976年时启德机场的客运量达到了400万人次。

十年后的1986年，机场全年客运量首次突破1000万人次。1987年，政府继续扩建和改善启德机场，以在新机场有定案前提高旅客容量。1988年，机场客运大楼第五期扩建工程完成，每年可达1800万人次的旅客量，机场入境管制亦全面实施电脑化。当时的启德机场简直一年一个样。

有人说，对于香港，20世纪70—80年代似乎是为它量身定做的时代，每一次的浪潮它都稳稳地立于浪头之上。从1970年到1994年，香港的人均GDP从925美元上升到21421美元，期间始终保持着两位数以上的增长率（1985年除外）。那是一个遍地黄金的岁月，启德机场伴随了它的辉煌。

到了1996年，启德机场在国际客运量方面，已位居全球最繁忙机场的第三位，运送2950万名国际旅客；在国际货运吞吐量方面共处理了156万吨来自世界各地的货品，雄踞全球首位。

尽管曾经是"世界五大机场"的常客，尽管是Skytrax世界最佳机场餐饮奖的多次获得者，尽管连续八年成为世界上最大的货运机场，在连续为香港服务了73年后，它功成身退的时间还是到来了。

1998年7月6日深夜0时2分，最后一班在启德机场起飞的航班，从香港前往伦敦希斯罗机场的国泰航空CX251号班机起飞。这最后一班航机飞离启德机场后，机场的搬迁计划全速进行，停泊在启德机场的29架飞机全部飞往赤鱲角机场。

当日凌晨1时17分，时任香港政务司司长陈方安生和民航处处长施高理（Richard Siegel）在机场控制塔内主持跑道关灯仪式。施高理以"Goodbye Kai Tak, and thank you!"（再见了启德，谢谢你！）为告别语，按动按钮熄灭跑道全部灯光，正式为启德机场历史画上了句号。

跨境／欧洲机场

文 / Megan、锦芳

Cross-border · European airport

　　欧洲有一座规模只算是"二线"、口气却不小的机场——欧洲机场，英文全称为 Euro Airport Base－Mulhouse－Freiburg（巴塞尔－米卢斯－弗莱堡欧洲机场），这是因为它是一座跨三国国境的机场。机场只有南面登机口位于瑞士境内，其余的大部分位于法国境内，有一部分位于德国的弗赖堡市。机场内分设通往瑞士、德国与法国三地的出口。欧洲机场由法国和瑞士共同管理和运营，同时为瑞士的巴塞尔、法国的米卢斯和德国的弗莱堡提供服务。

德国西南边陲，靠近法国和瑞士的弗莱堡市

看过地图，我才发现从这三个城市的地理位置来看，欧洲机场实际上处于西欧地区核心地带，并且坐落在这三个经济蓬勃发展的城市的十字中心，优异的地理位置成就了这座机场。有鉴于此，欧洲机场有三个IATA机场代码：BSL（巴塞尔）、MLH（米卢斯）和EAP（弗赖堡）。由于机场有不同的代码，所以即便同一个航线也会有不同的价钱。

20世纪30年代，法国和瑞士联合建造机场的计划出炉，不过随着二战爆发，计划搁浅。1946年，双方重启会谈并达成共识：在法国布洛特赞（Blotzheim）以北4公里的地方建设一个机场。双方约定由法国提供土地，瑞士巴塞尔城市州出资。

1946年3月8日，机场建设开工，两个月后的5月8日，一座拥有一条1200米长跑道的临时机场（当时称作巴塞尔－米卢斯机场）正式投入运营。1951年秋至1953年春天之间，这条东西向的跑道扩展到了1600米，机场还修建了"Zollfreistrasse"（免税大道）。这样一来，从巴塞尔进入离境大厅就无需经过法国的边检了。

1960年，巴塞尔全民公决通过了首个机场扩容计划。在接下来的数十年，欧洲机场的航站楼和跑道不断得以扩充发展。1972年，机场的另外一条南北向的跑道延长到3900米。1984年，机场年旅客吞吐量达到100万。

随着机场不断"成长"，到1987年，"巴塞尔－米卢斯－弗莱堡欧洲机场"作为商标名称正式启用。

既然"脚踏两只船"，就有其特别之处。一般来说，机场只有一个代码，欧洲机场的3个代码使之与众不同。比如，申根国家飞往该机场的航班目的地代码是MLH，而有些飞往该机场的航班目的地代码则是BSL。更令人头疼的是这个机场还有第三个代码EAP，所以通常乘客在机票网站上搜机票时，常常需要搜索3个代码确认。

之前，欧洲机场由两个独立的部分组成，分别都有各自的停车场和货运区。一部分是面向法国区航线（现在被称为申根区）提供服务；另一部分面向瑞士航线提供服务。两个候机楼的中间有一个作为海关和移民局检查点的三楼作为连接，旅客可以通过"边境"到另一个服务区域。随着瑞士加入申根协议，两个区域亦已经合并。

合并后的机场有一座航站楼，由一个四层砖型中心区和一个Y形的入口组成。一层通往停车场；二层是进港大厅，设有法国和瑞士的海关；三层是登记办理区；四层是登机口。这里有一条法、瑞边境线，乘客可以跳来跳去玩跨境。

欧洲机场的货币流通也非比寻常：位于法国部分的商品标价用的是欧元；瑞士部分的商店全部使用瑞郎。有时会出现一个有意思的现象：如果瑞郎升值，欧元贬跌，大家就会去法国那边买东西，反之亦然。在这里，除了货币不同，适用的法律也不一样。

如今，欧洲机场是莱茵河上游设施装备最好的机场，可以应对任何类型的航空流量。2017年，欧洲机场年旅客吞吐量达到789万人次，机场营运的定期航线遍布全球30个国家的70~100个机场。

巴塞尔—米卢斯—弗赖堡欧洲机场
局部布局构形图

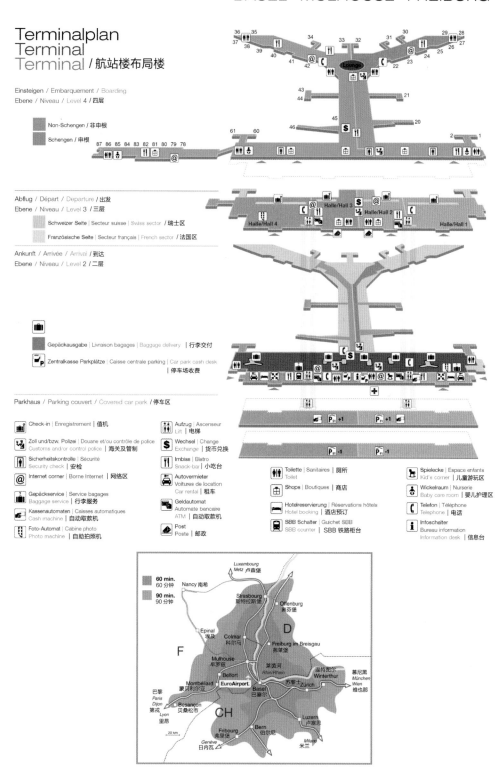

北国风光／斯瓦尔巴朗伊尔机场

Northland scenery · Svalbaran Airport

文／陆楠

通航

北方有佳人，遗世而独立。

作为世界上最靠北拥有定期民航班次的机场，斯瓦尔巴朗伊尔机场大概与这句诗的精妙之处有几分吻合。

挪威的斯瓦尔巴群岛意为寒冷海岸，位于北冰洋上，距北极点仅有1300千米，是最接近北极的可居住地区之一。总面积6.2万平方公里左右，居民约3000人。各岛屿间夏季有船舶交通，冬季则完全互相隔绝。朗伊尔城就位于斯瓦尔巴群岛的最大岛——斯匹次卑尔根岛上，从高空俯瞰，整座小城坐落在白雪覆盖的山谷之间。

第二次世界大战期间，德国空军在朗伊尔城附近的阿德文特达伦（Adventdalen）建造了斯瓦尔巴群岛上第一条简易的飞机跑道。不过，这条跑道在战后被弃用了。20世纪50年代初，挪威空军的邮政航班用"卡特琳娜"型水上飞机从特罗姆瑟起飞，向熊岛和朗伊尔城运输信件和包裹，但飞机从不降落，而是空投。

一次人道主义救助改变了机场的状况。1959年2月9日，当地一个居民病重，急需被送往挪威本土治疗，却没有合适的交通工具。危急时刻，斯匹次卑尔根的一家采矿公司Store Norske清理了位于阿德文特达伦的这条跑道，以确保飞机能安全降落。随后，一架救命的飞机在飞行了14小时后成功落地。

"卡特琳娜"飞机可以运送信件，但很难满足客运和货运的要求，于是Store Norske公司便联系

一架飞机从斯瓦尔巴朗伊尔机场起飞

了当时尚未和北欧航空合并的 Braathens SAFE 航空公司，希望它们能运营定期航班。1959年愚人节的第二天——4月2日，一架载有54名乘客的道格拉斯（Douglas）DC-4型飞机从巴尔迪福斯机场（Bardufoss）成功飞抵阿德文特达伦。

当时由于跑道没有灯光系统，飞机只能白天降落，而在冬季极夜现象期间，这里就无法通航了。另外，夏季由于跑道上的冻土融化，也无法完成通航。在设施不完备的情况下，斯瓦尔巴朗伊尔机场还是完成了相当数量的飞行任务。1972年4月29日，机场首次迎来了喷气式飞机的降落，飞机型号是福克F28。次年，俄罗斯航空开通了阿德文特达伦与斯匹次卑尔根岛上的苏联居民点巴伦支堡之间的航班。

新生

随着时间的推移，岛上航班数量需求也在增加。于是在20世纪70年代初，苏联和挪威取得共识——在斯瓦尔巴群岛建设一座民用机场。

斯瓦尔巴朗伊尔新机场地址位于斯瓦尔巴首府及最大居民点朗伊尔城西北3公里处。1973年，机场开始建设，建于永久冻土之上，1975年完工。机场跑道长宽为2319米×45米，配备有仪表着陆系统，但没有滑行道。如今，机场外有200个免费停车位。此外，机场还配备有机场大巴、的士和租车服务。

按照原定计划，斯瓦尔巴机场应该于1975年的8月14日正式开通，由北欧航空的道格拉斯DC-9进行首航。执行首航任务的飞机上的宾客还有挪威国王奥

拉夫五世。不过，当日由于朗伊尔城大雾弥漫，飞机被迫返航。同年9月1日，Braathens航空使用一架福克F27校准跑道，北欧航空和俄罗斯航空的飞行员也搭乘这架飞机了解着陆条件。次日，机场正式开通的第二次尝试取得成功。

此后，Braathens航空和北欧航空都想申请获得斯瓦尔巴群岛与挪威本土间航线的特许经营权。最终北欧航空取得成功，开通了每周一次的航班。除了北欧航空和俄罗斯航空的定期航班外，还有弗雷德·奥尔森航空为Store Norske公司提供货运包机服务。

1987年8月14日，Braathens航空重新进入市场，与北欧航空一样执行飞往特罗姆瑟和奥斯陆的航班。进入新千年后的2002年，北欧航空收购了Braathens航空，于是北欧航空集团所有飞往朗伊尔城的航班全部由Braathens航空执行。

旅游

朗伊尔城虽小，却"五脏俱全"。这里除了有斯瓦尔巴机场、码头、旅馆、商店、银行、邮局、学校、医院、图书馆、体育馆和教堂等建筑及文化设施也一应俱全。令人惊奇的是，人口稀少的朗伊尔城还有一所大学——斯瓦尔巴大学中心（UNIS）。该中心是挪威四家大学的协作计划，于1993年启用。目前学生规模大约300人，设有地球物理学、北极生物学、地质学、北极科技等多门学科，及学士、硕士、博士等学位。

20世纪初，斯瓦尔巴群岛发现了煤炭资源，美

国、英国、挪威、瑞典、荷兰及俄国的公司开始勘测并要求取得矿产所有权。

1920年2月9日，英国、美国、丹麦、挪威、瑞典、法国、意大利、荷兰、日本等18个国家在巴黎签定了《斯匹次卑尔根群岛条约》(即《斯瓦尔巴条约》)，规定挪威对斯匹次卑尔根群岛连同熊岛等"具有充分和完全的主权"。同时也规定，该地永远不能为战争目的所利用，从而使斯瓦尔巴群岛成为北极第一个，也是唯一一个非军事区。条约还规定，所有缔约国公民和挪威人一样可以自由进入该群岛，在这里居住、旅行、打猎、经商、科考，只要不违反挪威法律就行。该条约于1925年8月14日生效。

1925年7月1日，中国段祺瑞政府与苏联、德国、西班牙、芬兰等33个国家一道成了第二批签订条约的国家，成为《斯瓦尔巴德条约》的协约国。据此条约，2004年中国政府在斯瓦尔巴群岛新奥尔松地区建立了我国第一个北极科考站——黄河站。许多国家都在这里设立了科学考察站，是一个名副其实的科考基地。

斯瓦尔巴群岛还有一处著名的贮藏库——斯瓦尔巴全球种子库（Svalbard International Seed Vault），这是一个保存全世界农作物种子的贮藏库。该工程得到了联合国粮农组织的支持，被称为全球农业的"诺亚方舟"。和斯瓦尔巴朗伊尔机场建在永久冻土之上相反，种子库建在永久冻土带的地下，长45米，宽、高各4米。室外用1米厚的隔温混凝土板保温，常年维持-18℃，可承受芮氏规模6.2级地震与核子武器攻击。种子放在特制的铝盒中，保存几百年甚至上千年仍然具有活力，具体时间取决于物种本身的能力。

既然深处北极，乘飞机到这里看北极熊自然是主要的选择之一。北极熊全球约有2万头，分布在北极大小的冰原上，斯瓦尔巴德群岛分布有大约5000头，是不折不扣的北极熊王国。这里还有数十万计的海鸥和多样极地生物，绵延数十公里的大冰川和晶莹剔透的冰瀑布。

尽管航班不多，但到这里游玩也并非难事。2014年，斯瓦尔巴机场年吞吐量达到154，261人次。当然，如果你有私人飞机就更好了，斯瓦尔巴机场随时恭候。

机场附近的路标

布拉森航空公司的道格拉斯DC-4飞机

TIPS 小贴士

① 一定要脱鞋

朗伊尔城的历史并不长——1906年，美国人约翰·朗伊尔来到这里开采煤矿，矿工们聚居在一起，逐渐形成了今天的朗伊尔城。如今在这里，进教堂、民居、学校、博物馆时，在大厅要脱鞋，这是早年矿工们生活的一个习惯。

② 小小的『联合国』

朗伊尔城这座城市住有来自天南地北的人，就像一个小小的『联合国』。

机场夜景

极光

看到北极光并不是越北越好。在这里，你有机会在茫茫冰雪大地之上，邂逅精灵灵般闪现的极光。

极夜

极夜降临之时，整个朗伊尔城陷入漫漫长夜。在『北极夜』里，太阳始终爬不上地平线，星星永远闪烁在漆黑的夜空。每月有长达半个月的时间可以看见或圆或缺的月亮悬挂在天际。另外半个月，则连月亮也看不见。不过不用担心生活会受到影响，城里的咖啡馆和酒馆照常营业。

冰雪

你可以驾驶雪地摩托在雪地飞驰，坐雪橇前往雪地深处；去海上巡游，邂逅巨大的鲸鱼、慵懒的海象、活泼的北极狐，挑战徒步冰川，领略冰雪王国的极致风光。

强制携枪

在朗伊尔城，出门带枪是家常便饭。不过不用担心安全，这里的治安很好。出门强制配枪，是因为这里北极熊数量巨多。来此居住或旅行的人，很多都会参加一个『上岗培训』，学习怎么应付北极熊。当然，人们也不能随便开枪猎杀北极熊。

不见生死

北极圈里的朗伊尔城，死亡和出生都是被禁止的。身患重病的人、年迈的老人和产前的孕妇都会被要求离开这里。整座小城，只有一块小墓地。并且早在几十年前，就已禁止埋葬新亡者。因为科学家发现，在这个遍地冻土带的地方，尸体无法腐烂，病毒会永远保留下来，所以才有了这条『残酷』法则。

茱莉安娜公主国际机场

茱莉安娜公主国际机场

Princess Juliana International Airport. 文 / 陆楠

克里斯托弗·哥伦布

加勒比海上的圣马丁岛是著名的旅游胜地，岛上有个茱莉安娜公主国际机场引人瞩目。

不过，机场的历史要比海岛的历史短上近450年。

1493年，克里斯托弗·哥伦布第二次横渡大西洋时发现一座海岛，由于当天是圣马丁节，哥伦布即命名此岛为圣马丁岛（Isla de San Martín）。不过，哥伦布正急于拓展新大陆，根本无暇顾及这个不起眼的小岛，只是宣称此岛为西班牙所有，没有登岛，船队就扬帆而去。

此后，荷兰、法国和英国人从17世纪开始先后在岛上设立定居点。荷属东印度公司率先在岛上经营盐矿，并在岛上建立了最早的军事防御设施。历经多年混战厮杀，法国、荷兰成了最后的赢家，两国协议瓜分了圣马丁岛。

随着战事消弭，荷、法开始了新一轮种植业经济的较量。为此，两国从非洲贩来大量黑奴做工，最终使得岛上非洲裔人数成了压倒性的多数。法属圣马丁在1848年7月12日废除奴隶制，荷占区在15年后也废除了。

法国称这座小岛为圣马丁岛（Saint-Martin），而荷兰则称之为圣马腾岛（Sint Maarten）。现在，大家习惯上使用"圣马丁岛"这个名字。从面积上来说，

法国占了小岛的60%，剩下的40%归荷兰所有。无论如何，岛上"椰林树影，水清沙幼"，加上多年的发展，旅游业已经成为圣马丁岛的主要经济来源。很多人来到这里，一睹茱莉安娜公主国际机场飞机起降盛况成了主要目的之一。

茱莉安娜公主国际机场是圣马丁岛上唯一的一座机场，位于荷属部分。这座机场1942年就已开始运作，当时为军用机场，第二年转为民用。1944年，荷兰皇位继承人茱莉安娜公主到访，机场自此以公主之名命名。

随着需求的提升，茱莉安娜公主机场于1964年翻新，兴建了一幢新的客运大楼及塔台。不过机场相关设施的扩展与升级一直都在进行。2004年，新的空管塔台和雷达站启用；2006年，新的航站楼也启用。这个航站楼有4个登机桥可用于像波音747这样的大型飞机。现在机场占地642,415平方米，候机楼占地30,500平方米，登机口13个，每小时可起降飞机36~40架次。作为背风群岛地区重要的航空枢纽，其繁忙程度在东加勒比地区仅次于圣胡安国际机场。

茱莉安娜公主国际机场最大的特色，就是只有2301米长的跑道，不过大型客机也是可以安全降落的。

机场最引人瞩目的是它的10/28号（2008年前

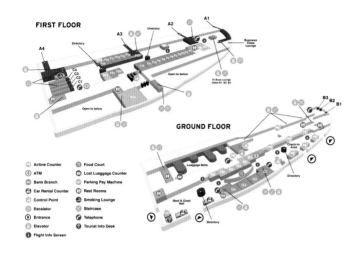

机场布局图

为9/27）跑道。这条跑道距离海边非常近，根本不能设置气流缓冲区。当飞机在到达机场附近的玛候海滩（Maho Beach）时，离海滩高度只有约10~20米。海滩上的人不仅能够近距离观察飞机，甚至还能感受飞机掠过头顶的感觉，人们称之为"剃头式"降落。正因如此，这个海滩成了不少飞机爱好者拍摄飞机降落的胜地。海滩上还有一个名叫"日落"的酒吧，每天都标注当天所有航班的抵达时间，方便游客们在海滩上等候观看飞机降落。

出于安全考虑，玛候海滩竖立了警告牌，提示游人注意飞机降落时所带来的气流。尽管如此，还是无法避免悲剧的发生。2012年，一名年轻女子在同样的地点因为同样的原因摔倒，受伤严重。2017年，一名新西兰女子在机场围栏外——这里也是游客观看客机起降的最佳地点，观看一架飞往特立尼达的波音738起飞时，由于站在客机后方距离引擎喷气口太近，被飞机引擎的气浪掀倒在地，重重摔在水泥地上，后来身亡。

茱莉安娜公主国际机场的FBO（固定运营基地）已经正式移交给了主要的私人飞机运营商——TLC Menzies航空服务公司和Arrindell航空。机场特色鲜明使之成为该区域首屈一指的机场，机场的FBO同样满足了高消费人群的特殊需求。

这座FBO大楼位于机场候机楼的西边，拥有自己的独立入口，这也有助于为私人飞机和包机客户提供高品质的服务。一旦乘客下机，只需步行很短的距离就能从机场空侧区抵达机场公共场所。整个FBO分为两个部分，西边是TLC公司，东南边是Arrindell航空服务公司。南北两边都有私人飞机乘客的出入口。两家公司有各自的旅客休息室，另外还有专用的机组人员休息室。

FBO的存在展现了私人飞机在圣马丁岛的重要性，每年有成百上千的私人飞机和公务机在该机场起降，通常圣诞节是高峰期。机场方面清楚地知道公务航空的重要性，因此在私人飞机运营基础设施方面的投入也是不遗余力。

不过，毕竟地处加勒比海地区，灾难性天气常常让机场人头痛不已。2017年9月，飓风艾玛（Irma）登陆背风群岛，沿路摧枯拉朽，给多地造成了严重破坏。法国官员表示，圣巴泰勒米和圣马丁两个岛上的设施被严重摧残，甚至连稳固的政府大楼都被破坏。

茱莉安娜公主国际机场也没有逃脱厄运，荷兰军方的直升机拍下的视频显示，航站楼的顶篷被掀翻，登机桥损毁严重，跑道上满是泥沙和洪水。机场当即关闭，飓风过后，经过修整，直到2017年10月10日才重新投入使用。

浪漫航图／加里宁格勒机场

我多想，

给你一张，

直达我心底的航图。

Romantic chart · Kaliningrad Airport.

文／穆晓晓

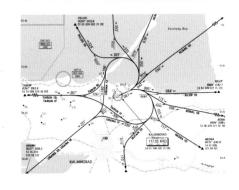

　　德国作家和古典哲学创始人伊曼努尔·康德（Immanuel Kant）终其一生没有离开他的出生之地——哥尼斯堡，眼界却辽阔如斯，令世人惊叹不已。哥尼斯堡这个地方就是现在的俄罗斯加里宁格勒州首府——加里宁格勒。世人惊叹这应该是一块神奇的土地，孕育了如此伟大的哲学家。

　　加里宁格勒濒临波罗的海，原本是一片以低矮平原、沼泽和平缓丘陵为主的温润之地，曾为德意志东普鲁士的一部分。二战结束之后，根据苏、美、英三国签署的《波茨坦宣言》，哥尼斯堡和东普鲁士北部地区划归苏联版图。1946年，这片土地成了俄罗斯联邦的一个州。为了纪念去世的苏联最高苏维埃主席团主席加里宁，该州以他的名字命名，并定为该州首府。苏联政府强行将这里的德国人迁走，同时迁入大批俄罗斯人。

　　作为俄罗斯联邦最小的州，加里宁格勒属西北联邦管区。它位于俄罗斯的最西边，有着与其他地区相比独特的地理状况。加里宁格勒州南邻波兰，东北部和东部与立陶宛接壤，与俄罗斯本土不相邻，是一块飞地。从加里宁格勒到华沙距离400公里，到柏林、哥本哈根、斯德哥尔摩的距离均在600公里左右，其地理位置的重要性不言而喻。加里宁格勒面积虽不过1.51万平方公里，却也拥有一座机场——加里宁格勒机场。

　　加里宁格勒南邻波兰，东北部和东部与立陶宛接壤。要想从俄罗斯本土的莫斯科到达这里，需要飞行

1289公里，飞过白俄罗斯和立陶宛，飞到波罗的海海边。而且如果没有申根签证，到加里宁格勒只能坐飞机，不能通过陆上交通。

机场位于加里宁格勒市以北24公里的地方，该机场主要连接加里宁格勒到俄罗斯的其他城市，另外也提供航班到西欧某些城市。它是俄罗斯与西欧国家之间的交通枢纽。除了运营商业航班外，该机场也是俄罗斯空军的一个军事基地。

1945年，加里宁格勒机场即投入使用，海拔高度为13米，跑道长度为2500米，宽度为45米。直到1979年，机场才修建了客运航站楼，1993年开通了首个国际航班。

加里宁格勒机场最引人瞩目的就是它的06号跑道，其起飞航班的标准仪表离场程序中的飞行航迹被俄罗斯民航局设计成"心心相印"的浪漫形状。有人说，这大概是因为飞行程序设计师被这座城市天生的学者气质感染所致。毕竟这里名人辈出，有康德，有"哥德巴赫猜想"的提出人克里斯蒂安·哥德巴赫，有爱因斯坦的老师、四维时空理论的创立者赫尔曼·闵可夫斯基，还有苏联宇航员、史上第一位完成太空漫步的阿列克谢·阿尔希波维奇·列昂诺夫。也

有人说，或许也是因为飞行程序设计师的爱人"喀秋莎"远在莫斯科的郊外，他望眼欲穿，惆怅万千。

在加里宁格勒不大的机场大厅，一排小商铺里卖的全是琥珀制品，因为这里是全球知名的"琥珀之都"。加里宁格勒生产的琥珀驰名全球，储量占世界储量的90%。为了展示琥珀的魅力，加里宁格勒建立了琥珀博物馆，当地居民说："不参观琥珀博物馆，就等于没有到过加里宁格勒。"建于19世纪中叶的琥珀博物馆有八大展厅，是世界上收藏琥珀珍品最多的博物馆。在加里宁格勒，无论街头还是宾馆，大大小小的琥珀店和琥珀小摊随处可见。当然，加里宁格勒机场候机厅也不例外。

2016年7月，Novaport公司从Aeroinvest公司手中买下了加里宁格勒机场。为了"备战"2018年俄罗斯世界杯，机场新的候机楼投入运营。除此之外，机场的基础设施也都做了现代化的改建，其中包括跑道的加固加长，启用新的无线电技术，安装新灯光，更新气象预报设备，建设新的停机坪和高速滑行道等。

如今这里已是一座先进的现代化机场，而无论几经变化，加里宁格勒机场的心形航图仍宛如"战斗民族"用飞行写就的一首情诗，始终为人津津乐道。

跑道 × 公路 ／ 直布罗陀机场

Runway × Highway · Gibraltar Airport　　文 / 锦芳

　　直布罗陀，这四个字对很多人来说，如雷贯耳，但想想身边去过的人又屈指可数。这是一个真正的"弹丸之地"，直布罗陀全境面积6.8平方公里，做一个比较——香港机场占地12.55平方公里——所以这里也就香港机场一半的样子。

　　直布罗陀是英国的海外属地之一，位于西班牙南面，与直布罗陀海峡、地中海、大西洋相邻。简单来说，它在欧洲大陆与非洲的交界处，隔着直布罗陀海峡，可以远眺非洲。地理位置如此重要，其面积虽小，却拥有一座国际机场——直布罗陀国际机场。这座军民两用的机场虽然狭小，却是全球少有的A等机场之一。

　　直布罗陀是典型的地中海气候，夏天温和干燥，冬天湿润有雨却并不太冷。冬天平均气温14度，户外有太阳时可以穿短袖。因为临海，晚上比较冷。从市中心出发，走500米，就到了直布罗陀机场。

　　直布罗陀机场位于伊比利亚半岛最南端，机场被紧紧夹在地中海东侧和阿尔赫西拉斯湾西侧之间，整个跑道只有1828米长，对飞机起降要求的精度极高。在降落停机坪时，飞行员必须很快地将自动刹车踩到底，而且这种令人头痛的着陆方式是没有任何保障的。遇到高压天气时，岩石上方乱流在90米的高处形成吹

往地面的下行急流，给降落增加了更大的困难。

基于跑道长度的限制，它只能供中小型飞机升降（如波音737、空中客车A320等）。这个机场跑道的最大特色是它和一条名叫温斯顿·丘吉尔大道（Winston Churchill Avenue）的四车道公路交汇。所以，每当飞机起降时，公路就得像铁路道口一样关闭，禁止车辆通行。这是世界上仅有的跑道平交道（有时充当一条公路，有时成为一条跑道）。

由于直布罗陀机场客运大楼面积太小，加上丘吉尔大道横跨跑道，大大限制了机场的运作。机场繁忙期间，日常会有多达7个航班升降。每当有航班升降时，丘吉尔大道就要封闭10分钟，有些时候封闭时长达两个小时。

这么小的地方当初为何建造了这么一座机场呢？有人说大概与战争有关。查阅资料，果然，直布罗陀机场兴建于第二次世界大战期间，1939年投入营运，初期用作英国皇家海军的紧急航空基地。

后来，有关部门把跑道通过在直布罗陀海湾填海的方式加以延长。当时西班牙声称该处水域属于西班牙领土，这一度引发西班牙和英国之间的外交关系紧张。不过跑道延长后，与之前相比，就可以降落较为大型的飞机了。到1987年，英国和西班牙政府签署同意书：允许两国的民航客机在直布罗陀机场升降。2006年9月18日，英国、西班牙和直布罗陀签署了科多巴条约（Córdoba Accord），自那

以后，所有来往直布罗陀机场的民航班机限制统统取消了。

直布罗陀机场还有一个特色——战斗机在闹市中"闲逛"。英国空军的直布罗陀空军基地位于地中海西岸直布罗陀海峡北岸的英属直布罗陀地区内。英国空军直布罗陀基地和直布罗陀机场就在一起。直布罗陀机场的客运大厅和航站楼位于机场飞行跑道北部，而空军基地的停机坪和机库则位于飞行跑道南部。英空军只在此定期进行短暂部署，基地管理者为英国驻直布罗陀部队。

直布罗陀虽然小，但机场的旅客流量却不小，2017年，直布罗陀机场飞机起降4888架次，处理旅客571,184人次，大概与这里是著名的旅游胜地有关。为应付大幅增长的旅客数目，2008年，直布罗陀机场一幢面积20,000平方米、楼高两层的新客运大楼建成。新客运大楼设有4个登机闸口和3条行李认领输送带，每年旅客人次达100万。

朋友说下面这些地方他都已用自己的脚步丈量过：直布罗陀巨岩（The Rock of Gibraltar）上的上层岩石自然保护区（Upper Rock Nature Reserve）国家公园和全长1400米的地中海之路（Mediterranean Steps）；根据1779年Great Siege Tunnel延伸出了更为现代成熟复杂的第二次世界大战隧道（World War II Tunnel）（2005年才对公众开放）；位于直布罗陀最南端的三一灯塔（Trinity Lighthouse）……一切都美不胜收。

关西国际机场航站楼

世界上最大的浮动式海上机场／关西国际机场

The world's largest floating maritime airport · Kansai International Airport　　文／锦芳

自1987年以来，日本一直在进行填海造岛活动。日本国土面积37.8万平方公里，有12万是填海得来的。据统计，二战以来日本是世界上填海造陆最多的国家之一。在大阪湾东南部的泉州海域离岸大约5千米的海面上就是一座人造岛。

此岛长4千米，宽2.6千米。这个历时5年的填海工程，动用土方达1.8亿立方米，耗资达150亿美元（约992亿人民币），动用1000多万工时，硬生生在17~18米深的大海中填出一块地。据说，由于面积很大，在太空中也能见其身影。当然在海上凭空造陆面临着一系列挑战，其中包括地震、危险的气旋、不稳定的海床以及抗议者的企图破坏。这块千辛万苦打造的人造岛为的就是建设机场——世界上最大的浮动式海上机场——关西国际机场。

机场于1987年动工修建，1994年9月22日，大型喷气式客机开始在这里起降。乘客可以搭乘汽车、火车或者高速渡船从机场前往主岛本州。

关西机场共分上下两层。机场设施分为主着陆地带、副着陆地带、海上设施带、沿海设施带、连接主副着陆带的飞机桥和与陆地连接的栈桥等部分。主着陆带总长5000米，宽510米，有一组4000米的主跑道；副着陆带总长4000米，宽410米，设一条3200米的辅助跑道；海上设施带长3500米，宽450米。这个机场也成为世界上最大的浮动式海上机场。

建筑奇迹

在海上建机场最大的挑战在于：跑道的设计标准要求非常高，海底的泥土极其柔软。如何解决这种世界性的难题，工程师绞尽脑汁。最终，他们决定选用全新的排沙技术——将沙中的水抽出，加速软沙的沉淀。首先，他们用混凝土在海中围出机场的轮廓，把水抽出后向里面灌充填充土。这样一来，为机场建设打下了较好的基础。

陆地填建和机场建设的工作是齐头并进、协同进行的。在建设候机楼时，工程师选择了足够轻便和坚固的建筑材料以应对机场的沉降和台风侵袭问题。虽然工程师解决了较浅的软土问题，但深层的海底还是不够坚固。工程师在关西机场下面打了900根安装有感应器的巨大桩柱，并通过电脑系统控制。当某个地方沉降时，工程师便启动千斤顶在桩柱下填充铁块，这样便能恢复正常高度了。

不过，关西机场还是没能逃脱沉降的命运。1999年，机场已经下沉8米。美国普渡大学航空技术教授、MITRE公司前航空顾问斯图尔特·斯库莱肯加斯特曾对关西机场啧啧称奇，不过同时也警告说，气候变化和不断上升的海平面将给这个机场构成非常现实的威胁。他说："建造之初，工程师可能并没有考虑到全球气候变暖这个因素。在大约50年时间内，这个机场就可能没入水下。"

世人皆知日本是台风和地震频发的地区，因此除了沉降，地震也是关西机场面临的巨大挑战之一。1995年，在关西机场启用一年多时，附近的神户发生了里氏7.2级地震，机场距离震中不到30公里。然而，关西机场巧妙的设计使其躲过了一劫。航站楼拥有5000片玻璃，每扇窗户均由弹性材料黏合，在地震中甚至没有损伤一片玻璃。

机场航站楼主要由意大利建筑师伦佐·皮亚诺（Renzo Piano）和日本建筑师冈部宪明操刀。根据设计师的规划，机场的外形有如一个超大飞机机身（超过一英里），屋顶有如绵延不断的浪波。皮亚诺大量使用了玻璃和金属材料，长达1.5千米的航站楼也成为全球最大的单体建筑之一。国际旅客从机场的顶楼出发，可以看见建筑的整体架构，既精致又复杂，别有一番特色。

既然是岛上机场就要考虑机场和大陆连接的问题，设计师的解决方案是——天门大桥（Skygate Bridge）。工程师用浮动式起重机在海上盖起一座座桥墩，再将各个部件组合起来，就像搭积木一样。上层为六线的汽车道，下层为铁路线。大桥的设计高度既不影响飞机降落，又能使轮船通过。

这条关西国际机场联络线全长3750米，为双层桁架跨海大桥，也是全球最长的桁架桥。把这座大桥称为关西机场的"生命线"毫不为过，这是因为机场使用的电力、燃气和自来水全都通过桥上的管道传输。

不断完善

1996年，关西机场启动二期工程，兴建第二跑道和第二航站楼。这是因为一条跑道已不足以支撑其发展。一、二期工程相距约200米。由于一期工程最大的问题在于土地的沉降不均，所以二期工程引入GPS定位系统。现在关西机场共有两条跑道，分别是3500米长的06R/24L和4000米长的06L/24R。

当然，随着机场规模的扩大，其经营成本也日渐提升，每月仅电费就超过了3万多美元。这也使得关西机场的服务费位居全球前列。

为了满足巨大的燃油消耗量，关西机场在跑道旁修建了油料库，附近可供4000吨级邮轮停靠。工程师为了预防地震等灾害，特意安装了弯曲形的输油管道，整个输送系统均埋于地下。关西机场就像一座小城市，为了保障清洁环保，机场内的清洁中心还拥有一座焚烧炉。

关西机场为了尽量提高航站楼利用率，将出入境的区域放在一栋四层楼内集中完成。机场还集成了旅客快运系统，安装了88座自动扶梯和92座电梯，乘客仅需90秒便能从门口到达想要去的区域。关西机场还拥有全球领先的行李处理系统，工程师设计了精巧的螺旋传送结构，最大程度利用了航站楼的空间。

台风侵扰令机场方面吃尽苦头，天气极端恶劣的时候还需要关闭机场。这样一来，气象中心的情报显得尤为重要，据说每隔半小时就要更新一次数据。

2017年3月31日，负责运营关西国际机场的关西国际机场有限公司宣布了机场全新的品牌形象设计和Slogan。为了让旅客在机场能有一个轻松愉悦的心情，全新的LOGO以红色和蓝色两个重要的元素组成。红色表达兴奋、快乐，蓝色表达无忧虑的舒适感和安全感。这两个因素结合到一起，形成一个平衡点。整体LOGO稍微向左上角倾斜，表现飞机起飞时的状态。

根据机场方面介绍，机场是旅行中的一部分体验，而此次推出的Slogan——Shaping A New Journey（打造新旅程），着重给旅客传达了整个旅程的体验，通过不断的努力提高机场的体验，同时努力创造一个安逸舒适的环境，服务于每一位旅客。

关西国际机场全景

香港启德国际机场（Kai Tak Airport of Hong Kong）IATA 代码：HKG ICAO 代码：VHHH

大师级杰作／仁川国际机场

Masterpiece Master · Incheon International Airport.　　　文／锦芳

　　韩国仁川（Incheon）有诸多著名特色小吃：东区花平洞的脸盆冷面，中区新浦市场的鸡果子、粘面、荞麦面，中区善陵洞唐人街的炸酱面等。仁川中区沿岸洞、沿岸码头前的仁川综合鱼市以及中区北城洞的月尾岛一带还有著名的仁川生鱼片一条街……这些都令吃货们乐而忘返。

　　国人前往韩国多不为游赏山水佳胜，常只为血拼购物，品尝地道料理。韩国仁川、济洲、汉城金浦和釜山皆有国际机场，不过现在取道仁川国际机场入境是一个主要的选择。仁川虽然只是韩国的第三大城市，仁川国际机场却是韩国最大的民用机场。

　　20世纪90年代，韩国政府决定在金浦以西35公里处的人工填埋场上建造一个全新的、主要为国际航空运输服务的机场。原因在于1988年首尔举办夏季奥运会时，韩国原来主要的机场、拥有两座航站楼的金浦机场所承载的运量达到设计容量的极限。另外一点就是，随着国际航空运输的快速发展，韩国迫切需要建设更为高效的航空运输系统，以满足该国迅猛发展的经济。于是，仁川国际机场应运而生。

　　仁川国际机场从1992年3月正式开工，2000年6月30日基本完成。经过6个月的试运行，机场于2001年3月正式对外开放，此时金浦机场的所有国际航班和部分国内航班也转移到仁川机场。后经几个阶段的建造，如今的仁川机场已经成为韩国乃至亚洲最

为耀眼和时尚的空中交通运输枢纽。

　　仁川机场的主航站楼占地496,000平方米，是目前世界上第九大客运航站楼。从外观上看，该航站楼是一个半圆形建筑。设计师是世界公共建筑美学大师柯蒂斯·W.芬特雷斯（Curtis W. Fentress）。此人设计了一些全球最优秀的机场航站楼，从而赢得国际认可。柯蒂斯是美国建筑师协会会员、英国皇家建筑师协会会员，他还获得过美国建筑师学会颁发的公共建筑领域最高殊荣——托马斯·杰斐逊奖（Thomas Jefferson Award）。他是业界有史以来第八位受奖者，也是第一位获此殊荣的机场建筑师。

　　柯蒂斯的建筑设计哲学由探索自然定律、因应背景创造独特个性、文化引导设计、入口意象、仔细倾听、专心致志、约束自我、以人为本的设计等理念组合而成。出自柯蒂斯之手的优秀之作包括：美国高层建筑与城市住区理事会（Council on Tall Buildings and Urban Habitat）列为2009年建造的世界第四高建筑物——科威特Arraya塔，美国加州洛杉矶国际机场，美国科罗拉多州丹佛国际机场（根据美国建筑师学会调查显示，丹佛国际机场是15年来美国人"最喜爱的建筑地标"第四名），美国加州圣荷西国际机场（获机场改善杂志评为"全球科技最先进的机场"），美国维吉尼亚州国家海军陆战队博物馆（开馆后20个月内即荣获20个设计奖项）。

仁川国际机场候机大厅

文化与地理环境相融合是柯蒂斯的拿手好戏。仁川机场建筑的平面布局采用对称结构，主航站楼中心线弧长约为1080米，两条指廊长度340米。置身仁川机场的航站楼内，可以感受到通风性极佳，透过大型玻璃墙射进来的自然光使整个空间显得尤为明亮。

看得出来，白天光线良好时，采光玻璃穹顶能够提供通道所需的足够的自然光。不过玻璃并未做特别的光学处理，所以阳光显得不够柔和。令人欣喜的是室内材质表面多采用浅色，经过多次反射后，空间的光感达到令人意想不到的好效果。观察仔细的人还能发现，地面形成的弧形光圈与弧形穹顶形成了呼应，进而突出了航站楼内部的线条走向。

自然光代替人工光，达到了节能的效果。当自然光微弱时，穹顶平台的LED筒灯就可以全部开启，而夹层顶部的LED投光灯可以只开启1/3，通过候机厅天花板的反射光，为主通道提供柔和的光线。

仁川机场大量使用的LED筒灯的反光杯设计非常出色。杯罩分为两段，上端为镜面反射，控制光束；下端为螺纹亚黑防眩接圈，行人的正常视点不会看到镜面反射光。至于大空间照明中常见的地面反射眩光，更是控制得几乎无法察觉。相比之下，有很多机场的地面反射光甚至令人头晕。细节之处见真章，仁川机场的国际声誉并非浪得虚名。

在设计师的蓝图指挥下，仁川机场主航站楼的两个长廊从半圆形航站楼伸出来，穿过停机坪，与44个具备服务A380飞机能力的登机桥相连。整个航站楼内设有50个海关检查点、120个入境旅客护照检测台和252个值机服务台。主航站楼仅供韩国本土的航空公司使用，主要使用者是大韩航空公司和韩亚航空公司。

A号中央大厅拥有33个登机门和5个长廊，分别供韩亚航空公司（Asiana Airlines）、大韩航空公司（Korean Airlines）、国泰航空（Cathay Pacific Airways）、日本航空公司（Japan Airlines）以及中国东方航空（China Eastern Airlines）使用。仁川机场共有144个停机位，其中108个用于客运，36个用于货运。

候机的过程通常有些无聊，仁川机场候机楼内大量韩国本土的树木和植物在室内营造出一种令人放松的大自然氛围，多少缓解了人们焦躁的情绪。与很多机场一样，这里也有众多的餐饮、购物和娱乐场所供

旅客消遣。有介绍说，仁川机场里有超过90家零售商店、70个点心商店、酒吧、提供因特网服务的咖啡厅、休息区、淋浴室、按摩室以及为儿童准备的游戏室。

机场是宣传一国文化的好所在。在仁川机场，人们能够欣赏到纯正的有关韩国文化传统的表演。仁川机场和韩国国立博物馆共同在机场内修建了韩国文化博物馆，位于A号中央大厅内的转乘候机大厅，展示的历史文物可以追溯至5000年以前。馆内的展示主题包括朝鲜皇室文化、传统艺术、音乐以及朝鲜印刷术与字母文化。展出的物品包括日常生活用品、古玩、李氏朝鲜王朝的传统服饰，以及代表儒教和佛教的历史文物。在朝鲜印刷术与字母文化展区，人们还可以观赏到被列入国家宝藏甚至是联合国教科文组织世界文化遗产名目的珍贵文物。总之，主航站楼内有韩国特色的文化精彩纷呈。

机场还有一处展望台，这是一个集眺望、文化、休息为一体的候机空间，为旅客提供整个仁川机场的全景和飞机起降的鸟瞰图。这里的"空中桑拿"体验项目具备豪华酒店品质的设备和优质的服务，能够使旅客的放松和满足感得到最大化。除此之外，毗邻仁川机场还有仁川高尔夫俱乐部，有长达330码的练球场、18洞高尔夫球场、餐馆以及其他设施；天堂金门赌场则是只供外国人赌博的娱乐场所，位于仁川凯悦酒店。

巧妙的设计、丰富的娱乐设施使得仁川机场连续六年被国际机场协会（ACI）评为"全球服务最佳机场"第一名。国际机场协会还专门创立了一个特殊奖，旨在表彰仁川机场在提升全球机场服务品质方面所做的突出贡献。

仁川机场的独特之处还在于，它与周边其他地区有良好的连通性。从仁川机场转机到中国大陆、日本或东南亚地区最短只需45分钟。仁川国际机场铁路和公路系统也相当发达，因工作关系我们从仁川机场出发，不多久就体验到了首尔的地下交通。

尽管仁川机场成功吸引了我们的注意力，不过这座与海洋为伴的港口城市，还有许多著名的海洋风景区——位于仁川前海的舞衣岛、实尾岛等，有时间还是需亲身前往游历一番。

趣 FUN.

在如今的全球化时代，

创新能力、竞争力和

生活水平的提高

都需要更高的交通运输或理念传播速度。

在这种背景下，

作为全新超级区域的航空港

就拥有了特殊的重要意义。

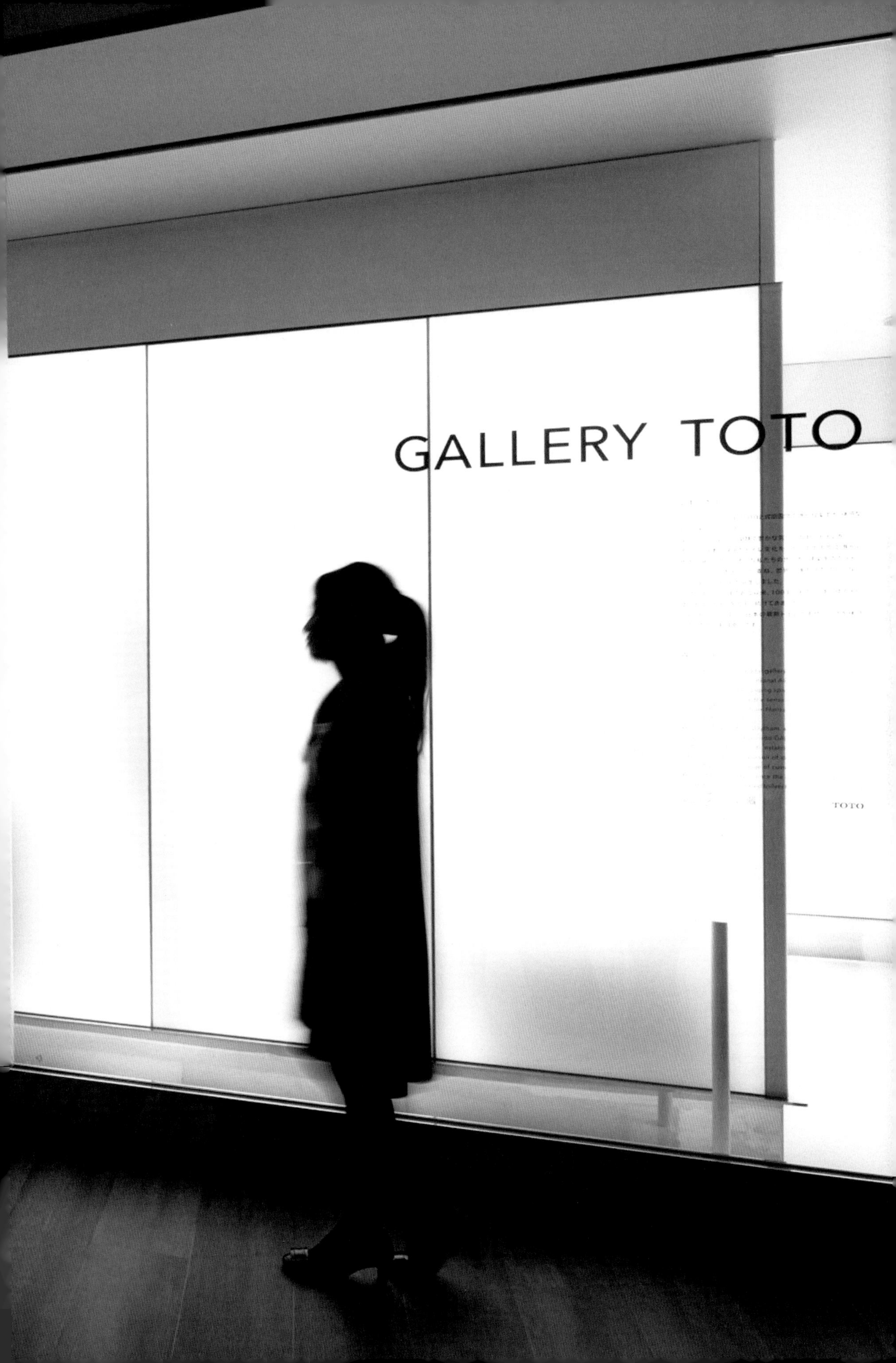
GALLERY TOTO
TOTO

机场
LOGO

阿姆斯特机场

丹佛国际机场

韩国仁川机场

德班国际机场

迪拜机场

东京成田国际机场

汉堡国际机场

杜塞尔多夫机场

多哈哈马德国际机场

奥克兰机场

赫尔辛基机场

法兰克福机场

哥本哈根机场

关西国际机场

慕尼黑机场

上海机场

苏黎世机场

桃园国际机场

维也纳国际机场

温哥华国际机场

悉尼国际机场

羽田国际机场

新加坡樟宜机场

布里斯班国际机场

香港国际机场

伦敦城市机场

伦敦希斯罗机场

名古屋中部国际机场

墨尔本机场

被绿色萦绕的樟宜机场

Changi Airport, which is surrounded by green. 文 / 刘华

多数机场总是与步履匆匆的繁忙与快节奏联系在一起，而遍布植物的花园则让人不由慢下脚步放松心情。如果这两者结合在一起，将会是怎样的体验？在新加坡樟宜机场，你便可以感受一下这一听起来奇妙的体验。

因为地处热带，新加坡自然不会缺少绿色。常绿植物遍布大街小巷，超高的绿色覆盖和众多特有的植物，让新加坡赢得"花园城市"的美誉，而新加坡人则将这样的氛围也带入了机场。在樟宜国际机场内，遍布奇花异草的花园占据了黄金位置。或许连续多年被各种权威机构评为全球最佳的机场，这是重要原因。

T2航站楼已运营多年，总是吸引热爱植物的人士甚至专程来此拜访。

在二楼，三十多种共七百多棵竞相开放的兰花用它们婀娜美妙的身姿吸引人们放慢脚步。作为东南亚的代表花卉，兰花受到全世界人的喜爱——几乎任何一个植物园的温室中都能看到它的身影，这便是最好佐证。在大厅中央，一条潺潺流动的人造小溪里，颜色鲜艳的锦鲤悠闲游过。河两岸的棕榈、剑麻等绿色植物长得郁郁葱葱，高矮不一、颜色各异的兰花掩映其中。成串的跳舞兰因为花朵较小较轻，时常上下摇动，很像真实的舞者；拖鞋蓝花朵饱满而精致，与不远处精品店内新款的鞋子有几分相似。除了能叫得上名字的常见品种，这里还有一些稀有品种，只要停下来在花丛中仔细找找，就会发现罕见的棕色与绿色兰花的身影。如果是在盛夏季节，三楼的室外花园则多了几分浪漫色彩，因为金黄色向日葵此时全部昂首盛开，如果不是向日葵正前方不远处总有飞机起起降降，你或许会一时忘掉置身何处，是在普罗旺斯还是富良野？

与T2航站楼差不多面积的植物园同样栖身T3航站楼。远远望去，人们很容易被那个两层楼高的瀑布所吸引，水流从岩洞飞泻而下，这景色在机场很少看见。不过当走近后才发现，这并不是最大的看点。就在绿色植物包围中，五颜六色飞舞的蝴蝶才是这里的主题。樟宜国际机场一直很骄傲地宣称，将蝴蝶园引入航站楼的想法，这里是全球第一个。而三四十种蝴蝶中，有近半数是新马地区特有的。只要在某个角落安静地站上一会儿，便有机会看到蝴蝶飞近或者落下。更幸运的话，或许还能观察到幼虫化茧为蝶的神奇时刻。

相比T2和T3，才开业半年的T4有着更强的人气，这里有更多的植物。还没进入大厅，航站楼的招牌便足够抢眼。引人注目的不是"Terminal 4"的名字本身，而是衬托白色字体的背景。深浅不一的绿色植物被精心修剪得错落有致，不仅用"树雕"作为航站楼名牌的背景，且其右手边被天蓬覆盖的下客通道旁也被树木排满。

进入大厅，同样到处是绿树身影，186棵树贯穿整个T4的登机廊。设计之初的理念是将这里打造成"林荫大道"，尽管如今树木还显得细弱，但随着时间推移，它们会生长成参天大树，这也是这个摩登机场成长的最好见证。除了拔地而起的树，墙面上自上而下的绿色与前者搭配得很是和谐。它们不是普通的吊挂盆栽，而是气生植物(Air Plants)。为了使内部空间的绿意保持得更好，同时又要避免根部泥水渗落、树叶沾上灰尘，设计者煞费苦心地选择这些不需要扎根土壤、从空气中便可获得所需水分与营养的植物，因此，只要其根部与墙体材料黏连，便能正常生长，而附设的加湿装置则在人们毫无察觉时定期喷射水分于植物表面，使之获得水分的同时又清除掉了灰尘。

全球最佳／新加坡樟宜国际机场

The best in the world · Singapore Changi Airport.　　文/锦芳

提起新加坡，有一个地方一定无法绕过——樟宜机场。

一半海水，一半陆地

1819年，出生在加勒比海牙买加（时为英国殖民地）岸外一条船上的英国人托马斯·斯坦福·莱佛士登上了马来半岛的南端，他背负的是扩展大英帝国海外经济实力的使命。200年前，这片岛上到处是幽暗的红树林湿地和雨林洼地，狐狸的尖叫声回荡在浓密的龙脑香树之间。莱佛士为这座小岛的开辟、建设、法制和长远的规划蓝图做出了相当多的努力，立下不朽的功绩，将新加坡从一个落后的小渔村发展成为世界上重要的商港之一。

二战后，世界新秩序建立，获得自治权的新加坡在总理李光耀的治理下迈向新的维度。此时随着国际民航业的迅速发展，坐落在巴耶利峇的新加坡国际机场开始不胜负荷，毕竟这座1955年启用的机场只有一条跑道和一个小型的搭客大楼。到了20世纪70年代，它已无法承受高速增长的客容量了。

1975年，新加坡政府决定在新加坡最东端、距离市区17.2公里处的樟宜兴建一个新的飞机场。选择樟宜，原因有二：一是樟宜靠海，以后机场扩建可以通过填海增加土地面积；另外一个原因就是飞机起飞后马上就会飞到海上，从而避免了巴耶利峇地区附近噪音对居民的影响。

由于国土面积小，新加坡热衷于填海。1965年新加坡刚独立时国土面积为581.5平方公里，2012年达到了715.8平方公里。为了建造新机场，新加坡在樟宜一带展开了庞大的填海工程——1,200万立方米的泥土填满了约两平方公里的沼泽地，另外4,000万立方米的砂石则铺平了樟宜周围的海面。毫无疑问，这项工程为新机场增添了非常大的建筑空间。据报道，樟宜国际机场的总面积有一半坐落在填海地段。

从1981年7月1日启用至今，樟宜国际机场已有40年的历史。据说樟宜国际机场每隔10年就会重新翻新，所以自始至终，它都保持着一份新鲜感和典雅的气质。40年的时间里，这座机场赢得大量国际美誉，始终引领着机场界的现代艺术潮流，给世人带来强烈的视觉震撼和感官享受。有人统计，这座机场一共获得过500多个"最佳机场"的奖项，8次被Skytax评为"全球最佳机场"，连续29年被英国的《商旅杂志》评为"世界最佳机场"。

雨之舞

樟宜国际机场有5个航站楼，1号、2号和3号航站楼是连接一起的，旅客可通过旅客捷运系统和高架列车或以步行方式自由来往3个航站楼。1号航站楼

于1981年7月1日启用，在2号航站楼启用前，它是樟宜国际机场唯一的航站楼。航站楼采用H型设计，充分利用有限的空间规划了最多的登机桥。

1号航站楼有一处设计令途经旅客赞不绝口，它就是位于航站楼离境登机大厅的动能装置——雨之舞（kinetic rain）。这个动态装置出自芬兰艺术家安基斯雷巴（Jussi Angesleva）之手，雨之舞使得樟宜机场成了全球首个拥有动态艺术装置的国际机场。

这是全球最大型也是最复杂的动力雕塑，带给人违逆重力的视觉体验和美轮美奂的金色梦境。1216颗漂浮着的青铜水滴以轻盈的铝制成，每颗重180克；水滴外表特别镀上了一层抛光紫铜，防止表面受到氧化而被锈蚀。

机场共有两个雨之舞装置，每个占地39.2平方米，各由608颗雨点形状的铜珠组成，它们每天清晨6时启动直到午夜停止。雨之舞每件雕塑长9.8米，宽4米，可以变幻出16种不同的形状；从大厅最上方延伸到最下方，最远时水滴需穿越7.3米的距离。从抽象的艺术造型到栩栩如生的飞机、热气球、风筝，甚至是龙的形态，雨之舞的每一次变幻都让人叹为观止。

每个水滴都连接着一个发动机，发动机安置在离境大厅天花板中，且都含有一个极度精密的编码器，追踪记录着水滴所处的准确位置。

从三维模型到手工雕塑再到输入电脑程序，雨之舞的制作时间长达20个月。设计人员的初衷是希望这样和谐的雨滴能给旅客带来一份宁静，也希望雨之舞能成为樟宜国际机场的标志。

自然景观独步天下

说到机场内的自然景观，樟宜国际机场若称第二，世上大概没有机场敢称第一。它独步天下的自然景观极大提升了机场的生态环境和旅游功能。在这座机场里，有蝴蝶翩翩起舞的蝴蝶园，露天的仙人掌花园和向日葵花园，悠然宁静的梦幻花园，还有色彩丰富的兰花园。

位于T1过境区域（三楼）的是仙人掌花园。不需要飞赴非洲，来樟宜国际机场就可以观赏到超过100种的沙漠仙人掌，以及来自亚洲、非洲、美洲沙漠和干燥区域的旱生植物。园内拥有众多著名植物，包括多种苏铁科植物、从恐龙时代幸存下来的顽强物种，以及一些不常见的植物，如金琥、翁柱和巨型马尾树。

在T2过境区域（二楼）的则是梦幻花园。踏进梦幻花园，耳边虫鸣阵阵，眼前繁花朵朵，鼻间花香四溢……乘客宛如一下子置身大自然的怀抱中。这就是樟宜第一次在机场花园中引进的互动性技术带来的奇妙感受。几个大小不一的玻璃花束形成了梦幻花园的主要景观，巨型花束可容纳多达300束花朵和蕨类植物。花束亮丽的外表使用超过56,000片彩色玻璃小镶嵌砖（stained glass mosaic），以人工逐片砌成，为人们营造出一种仿佛置身香格里拉世界的曼妙氛围。梦幻花园是樟宜国际机场的第五个主题花园。这个占地面积390平方米的花园，聚集了50多种不同种类的植物，24小时免费向旅客开放。

兰花园与锦鲤池同样位于T2过境区域（二楼），园中兰花颜色丰富，集合了多种稀有的兰花和杂交兰花，包括季节性展示的新加坡国花卓锦万代兰和樟宜机场独有的石斛花。

到了T2过境区域的三楼就可以看到向日葵花园了。此处种植了500棵黄色鲜艳的向日葵，散发着无与伦比的魅力，为疲惫的旅客带来无限欢乐。此外，旅客还可在露天的向日葵花园观看附近的飞机停泊处及跑道。

来到T3过境区域（二楼及三楼）就是蝴蝶园了，这是全球首家位于机场内的蝴蝶公园。随着季节变换，40种约1000只蝴蝶在这里繁衍生息，繁茂的棕榈树和摆设成蝴蝶样式的花朵让人仿佛置身热带雨林之中。一条6米长的岩洞飞瀑不仅带来丝丝凉意，也为这些小精灵提供了最舒适的栖息环境。有的蝴蝶寿命只有几周的时间。花园里陈设着数个教育角和独立的围栏，花费短短数个小时，就有机会亲自见证它们化茧成蝶那一瞬间的生命力量，或者学习蝴蝶的习性与喂养。这里也是陪伴孩子的理想场所。

星耀樟宜

"星耀樟宜"（Jewel Changi Airport）是樟宜国际机场新的发展项目，由全球著名建筑师萨夫迪（Moshe Safdie）设计。位于樟宜国际机场中心枢纽的"星耀樟宜"将清新绿植与零售商场相结合，旨在打造新加坡国内最大的室内花园。整个玻璃穹顶建筑内包括了世界上最高的室内瀑布和5层的室内雨林，于2019年初开放。

"星空公园"是"星耀樟宜"计划的一大特色，它

「雨之舞」

占地 1.4 万平方米（相当于 11 个奥运会标准大小的游泳池），并设有儿童游玩景点，如树篱迷宫、玻璃底桥和室内雨林等。天空之网（Sky Nets）、迷宫世界（Canopy Mazes）和奇幻滑梯（Discovery Slides）是其三大标志性游乐设施，位于园内最醒目的位置，由来自英、法、德、新加坡和荷兰的国际设计团队打造。

天空之网将一条弹跳网道和一条步行网道融为一体，游客漫步在网道上可以俯瞰整个玻璃穹顶建筑内的全部风光。而迷宫世界则包括两个不同主题：树篱迷宫和镜像迷宫。树篱迷宫有一个瞭望塔，游客可以在这里鸟瞰迷宫；镜像迷宫有镜面设计元素，当游客试图走出迷宫时，拐角处的镜面折射效果会令人迷失方向，极富挑战性。

奇幻滑梯既是一座艺术雕塑作品，也是一项游乐设施。它由四合一的滑道组成，孩子和大人都可以在这儿享受各种滑梯的乐趣。经过精心设计的雕塑让围观者也可以进行互动。

除了三大主要娱乐设施，其中还有一处特别设计区域——迷雾碗（Foggy Bowls），由四个深度为 30 到 65 厘米的凹形碗区域构成，周围雾气蒙蒙，营造出云雾缭绕的氛围。环绕星空公园娱乐设施的是 50 米长的天悬桥（Canopy Bridge），游客可以在桥上观赏高达 40 米的雨旋涡（Rain Vortex）。天悬桥悬浮于 23 米的高空中，桥的部分镶嵌有玻璃面板，为寻求刺激的游客营造在空中行走的感觉。

如今，有如天穹之顶的巨型构造已初见雏形。樟宜机场，这张新加坡的城市名片也愈发显得璀璨夺目。

为什么新加坡樟宜机场被评为最佳机场呢？

樟宜国际机场简直是花园机场、购物天堂和娱乐天地的完美统一体，多年来连续获得各大机构"全球最佳机场"的称号绝非浪得虚名。

采用创新技术提升乘客旅行体验

机场里有一个70米长的LED屏幕，乘客可用移动终端或护照控制；休息室里有漫游服务机器人、智能椅子……

自动服务定制选择

除了比较时髦的设计外，终端提供端到端旅行方式，为乘客提供自助式服务选择。乘客可在自动终端办理登机手续，电子打印行李标签，面部识别系统替代身份检查。面部识别有助于加快旅客通过终端，提高服务效率，可节省约20%人力。

设施

樟宜国际机场基础设施配备有：屋顶游泳池、电影院、酒店、温泉浴场和淋浴、四层滑梯等。免费的互联网终端分散在整个机场，免费手机充电站，可在充电时锁定手机。卫生间有电子监控系统，乘客可评估卫生间清洁度，如果对服务不满意，可轻按触摸显示器。一些实惠的免税店有大量餐饮可选择。

建筑群向乘客开放

一栋约13.4万平方米的综合建筑群向乘客和旅客开放，玻璃镀层设施拥有宽敞的花园和步行道，旅客终端可连接航班显示器供同步灯光和声音表演，有多种餐饮、购物可选择。

免费参观城市

在樟宜国际机场等候转机的乘客，可以参加机场举办的免费城市观光活动。大约需要两个小时，参观新加坡历史景点，如唐人街、滨海湾金沙、城市灯光之旅等。机场有电影院，展示影片全天24小时免费开放。

艺术展览

机场展示艺术作品、古代陶瓷、传统装饰等。

无线网

机场提供免费的无线网络，大约有550个免费点可提供设备充电。

娱乐设施

若是电影发烧友，可前往2号与3号航站楼的24小时影院免费观赏电影。游戏迷则可前往二号航站楼娱乐厅，体验免费LAN游戏，畅玩XBO×360，PLAYSTATION 3。另外还有50英寸的大屏幕可以收听、观看音频和视频，还有大量儿童玩具和游乐区等。

花园和绿地

贴近自然环境，有露天仙人掌、向日葵花园、锦鲤池等。

日式美感／东京成田国际机场

东京成田国际机场的两处设计突出展现了令人惊艳的日式美感：
一个是 2 号航站楼 Gallery TOTO；另一个是 3 号航站楼内部的 MUJI 设计

2号航站楼 &TOTO

东京成田国际机场建于1978年，位于距东京市区68公里处的千叶县成田市，是日本最大的国际航空港。这座机场的年旅客吞吐量居日本第二位（第一位是羽田机场），货运吞吐量居日本第一、全球第三。机场原名为新东京国际机场，2004年，为了和东京国际机场（羽田机场）区别而更名为成田机场。

成田国际机场2号航站楼由主楼和卫星厅组成，候机大厅都采用了长条型设计。国际线出发厅和出境审查都在3楼，二楼是入境审查，一楼是国际线到达大厅。2015年，成田机场2号航站楼和日本卫浴品牌TOTO的合作，为机场带来更高的关注度。为把2号航站楼国际出发大厅改装成一个"时尚，能让旅客们放松的空间"，机场方面向TOTO公司提出了请求。

当然，在机场这种公共设施搞设计有各种各样的限制，但针对成田国际机场的要求，TOTO提出了"乍看不像厕所，每个单间里的设计各有不同的展廊式的空间"方案。最终，双方在2号航站楼连接走廊新休息区的位置合作建设了"GALLERY TOTO"体验型卫生间，由著名建筑事务所Klein Dytham architecture（KDa）设计。

正如，TOTO的方案所说，第一眼看到"GALLERY TOTO"，人们不会将其与厕所联系起来。它的外侧围墙不是通常的水泥墙壁，而是一整排飞利浦霓裳屏（Luminous textile），暗藏高科技元素，可以呈现如梦似幻的动图意境。有时还会显示富士山的壁画以及其他日本的标志性景观。不点亮这款屏幕时，它看上去就像是非常柔软的纺织品，给人以亲切之感。

从外面看半透明的外墙立面，好像里面的一个个旅客在换衣服蹲马桶，给人暴露隐私的错觉。事实上，这并不是厕所内的人像投影，而是玻璃荧幕播放的动感剪影，彩灯闪烁，仿佛一场艺术展。"很多人都会以为，在里面上厕所的一举一动，都会被别人看清楚，用了才知道原来不会。"设计人员解释说，"希望人们能从对于厕所那种封闭又黑暗的成见中解脱出来"。

整个GALLERY TOTO可同时容纳10个人，内部包括4间男厕、4间女厕、1间哺乳室和1间多功能室，里面都配备有温水冲洗坐便器卫洗丽（Washlet）以及完善的消毒和除臭措施。如厕时，使用者不需要动手将马桶盖掀开，它内置有体感感应装置，人一靠近就会自动翻开，坐垫也是热乎乎的。冲水、流量的设计都是按键式的，还附有日文、英文双语对照版本。当然，作为TOTO的展厅，该品牌还是向游客们展示了TOTO的产品成果，比如净身器、座位温度调节器、杀菌和除臭功能以及电子冲洗功能等。

GALLERY TOTO确实让乘客感受了与众不同的如厕体验，也展现了日本最尖端的厕所技术和待客文化。这个在成田机场2号航站楼的厕所文化设计，彻底颠覆了人们对厕所的传统印象。

3号航站楼 &MUJI

与2号航站楼相通的3号航站楼主要为廉价航空航站楼，2015年4月8日正式启用。航站楼的内部设计由MUJI打造。成立于1900年的日本日建设计 (nikken sekkei) 负责建筑设计，完美地融合了实用性和简单化。

对于这次的设计，MUJI似乎没有使用人们习以为常的"冷淡风"，而是把2号航站楼打造成一个运动型的航站楼。航站楼内所有的通道都别出心裁地设计成田径跑道的样式，蓝色引导出发，红色引导到达，一来可以快速引导疏散客流；二来以"跑道"取代了普通机场里自动人行道，既环保又节约建设成本。

虽然不"冷淡"，但整个航站楼内部还是坚持了极简风格，视觉上略显空旷，不过家具和装饰的缤纷色彩让整个候机大厅不至于太冷清。MUJI主要选用了绿色与蓝色，因为这两种颜色在交通运输行业代表着便捷与快速，给人带来清爽、高效的感觉。

在3号航站楼，MUJI放置了400张以绿、蓝色为主调的沙发凳，同时在餐饮区设立了450个橡木材质打造的餐厅桌椅，天然的木质家具搭配纯色系的布艺沙发凳，分外温馨。这些木质桌椅随着时间的推移会变色，每把桌椅都会呈现出深浅不一的花纹，让原本简单的、死气沉沉的家具也多了一些历久弥新而有温度的感觉。

虽然设计简单，但是机场内部有很多贴心的细节设计，比如每一张沙发都没有把手，这是为了让旅客能躺也能坐，24小时随时可以休息。乘客在这儿如同到了友人家中般轻松自在，得以卸下旅途中的疲惫。

另外，3号航站楼的美食区也由MUJI用其品牌标志性的原木色家具打造，考虑到廉价航空会有一些凌晨的航班，美食区的营业时间从凌晨4点就开始，会一直持续到晚上9点。

TOTO科技感和现代感兼具的设计，MUJI抢眼而又舒服的色彩搭配、整齐划一的排列，使得日本独有的日式美感赋予成田机场3号航站楼与众不同的气质，也让日本国民或外来游客得以通过成田机场一角管窥专属日本的生活哲学。

法兰克福国际机场的 THE SQUAIRE 大楼

THE SQUAIRE building at Frankfurt Airport.　　文／萧树

THE SQUAIRE 机场大楼
年份： 2011
地点： 德国法兰克福
设计： JSK
总投资额： 约1亿欧元
面积： 140,000 平方米

　　欧洲进入夏令时，9点多钟，天色暗下来。此时的法兰克福国际机场还是一片繁忙景象。早就听闻这里是"欧洲最漂亮的机场建筑之一"，我也屡想一窥其貌，这次总算得偿所愿。

这座全欧洲第二大的国际机场，放眼望去，主要建筑材料多是玻璃，所以它的顶棚和幕墙都是透明的。这样一来，白天阳光射入室内，自然光最大限度地代替了照明灯具，既环保又健康，而且还对机场建筑空间氛围的塑造起到了很好的效果。

法兰克福国际机场位于德国黑森州，法兰克福是德国的国家航空公司——德国汉莎航空公司的一个基地。听说按乘客流量计算，法兰克福国际机场在欧洲位列第三位，排在伦敦的希斯罗国际机场和巴黎的夏尔·戴高乐国际机场之后。

时间有限，想要完整地在机场里游历一番并不现实。尽管如此，在当地友人的帮助下，我还是尽可能地了解了这座航空港最具特色的标志性建筑——The Squaire 大楼。

最初，The Squaire 大楼的建造似乎背负了重大的经济使命。1998年，格哈德·施罗德当选德国总理。当时，德国的经济几乎处于零增长的状态，失业率高达11%，国内窘迫的经济状况迫使施罗德不得不进行改革。

2000年，德国政府开始实施"2010议程"长期经济改革方案，法兰克福作为德国最重要的经济中心之一，承担了经济再增长的重要领头作用，而创建新的交通办公综合枢纽正是当时最好的创造工作岗位及经济拉动模式。于是，欧洲最大的房地产公司之一IVG公司联合毕马威、汉莎航空等大型公司开始共同实施The Squaire 大楼项目。

The Squaire 大楼的设计方则是德国排名第一的综合性设计公司（2012年数据）——JSK国际建筑师事务所。这家事务所成立于1963年，总部位于慕尼黑，在德国、美国和中国都拥有设计工作室，其设计范围以机场、公建、商业和历史保护为主。

大楼恰好位于ICE高铁车站正上方。ICE高铁范围覆盖全德国约180个车站和6个邻国（奥地利、瑞士、法国、比利时、荷兰及丹麦）。从 The Squaire 大楼还能直达德国最重要的高速公路枢纽之一，另外还有一条通往法兰克福机场1号航站楼的廊道。

数据显示这座大楼的建筑面积达到了14万平方米，目之所及，给人一种应有尽有的感觉。这里有充裕的办公空间、商务和会议中心、两间希尔顿酒店……当然，还有诸多为工作人员提供的基础设施，从餐厅、商店到医院、健身场所，一应俱全，甚至还有理发店、干洗店等。

有特点的建筑都有自己的设计理念，THE SQUAIRE也不例外，作为全欧洲最长的法兰克福机场办公楼，气势恢宏的 The Squaire 办公大楼秉承的理念是——NEW WORK CITY（新工作城市）。

对于 The Squaire 大楼以"新工作城市"为设计理念，美国经济学家理查德·佛罗里达有自己的观点。在他看来，这一理念定位于正在改变全球经济的设计趋势。佛罗里达认为，人作为脑力工作者，对于经济竞争力的重要性正在日益凸显，而聚集在城市地区乃至社区的大批创意人员对于创新和提高竞争力都产生了关键的激励作用。在如今的全球化时代，创新能力、竞争力和生活水平的提高都需要更高的交通运输或理念传播速度。在这种背景下，作为全新超级区域的航空港就拥有了特殊的重要意义。

随着时代的进步，我们周遭的一切都发生了翻天覆地的变化。办公楼作为日常生活办公的一部分，同样面临着巨变。直到2015年，The Squaire 大楼都是德国最大的办公综合体。它也一直作为一个工作和生活的新典范植根于人们的印象中。

我并不清楚目前这座办公楼里有多少人在同时办

场港市民聚集在停车场用相机捕捉下启德机场最后的航班

公，不过有人告诉我，NEW WORK CITY设计理念的核心是要容纳多达7000人在The Squaire大楼里工作，原因是在知识型社会中，员工是公司最重要的成功因素。

既然如此，"人"就成了这一理念的核心元素之一。The Squaire大楼的基础设施完全根据这里工作人员的日常需要量身定制，包括餐厅、商店、医院、健身场所、一家日托中心，以及从门卫室、理发店到干洗店等在内的各种服务，还有许多大型公共区域，譬如宽敞的中庭，为人们提供聚会和休闲娱乐空间。它实际上是创建了一个提高绩效、激发工作积极性与创造力的工作环境。

"交流"是一种生产力。The Squaire大楼为不同的"交流"需求提供了多种交流空间，其中包括餐馆、中庭和咖啡馆，还有商务和会议中心。各种各样富有创造性的环境提升了"交流"的效率，进而推动了更多的业务往来。据了解，每天差不多有15万人次的航空旅客、2.3万人次的铁路旅客和30万辆次的汽车在这个地方来来往往。也就是说，通过法兰克福国际机场，总有很多的公司高管需要在此安排会面。

传统建筑设计观念认为"形式服从功能"，这样的观点始终有其道理。The Squaire大楼的"漂亮"充满了未来气息，而其基础建设对于身处其中的人的日常生活却十分友好。它的设计为商务和私人生活方面节省了时间。门口就是机场，车库通往ICE高铁车站，附近有最重要的高速公路，节省了旅行的时间和成本。

The Squaire大楼2011年开放使用，时间并不久远。如今的法兰克福机场不仅是德国最大的工作场所，还是黑森州以及德国的"通向世界之门"。从朋友口中得知，法兰克福机场为旅客安排有机场环游的项目，其中的量身定制游就是专门针对有特殊兴趣的专业人士（长达3个小时）参观The Squaire大楼。只要流程、安全规定以及团队人数允许，机场还会为参观者提供专业的讲解。或许，下次能够有机会聆听一下专业人士对机场里这栋设计感十足的大楼讲解更多的信息。

地点： 约旦安曼
竣工时间： 2013
建筑方： Foster + Partners
参与设计建筑师： Maisam – Dar Al-Omran JV

节能典范／安曼阿利亚皇后国际机场

Energy saving model · Amman Alia Queen International Airport

文／陆楠

关于约旦，令人印象最为深刻的大概就是死海了——人可以漂浮在这片地球上含盐量排名第三的水面上，身体不必对抗地心引力，重量感消失，快速进入完全松弛的状态，可收到和瑜伽一样的放松疗效。这听上去很神奇，也很吸引人。

和死海一样吸引我的还有约旦首都安曼的阿利亚皇后国际机场（Amman Queen Alia International）。从死海出发，沿约旦河谷驱车南行大约1个小时就到了约旦首都——安曼。阿利亚皇后国际机场修建于1983年，坐落于安曼以南32公里处，是皇家约旦航

空公司的中心，机场内还有科威特半岛航空公司、阿联酋航空公司、海湾航空公司和约旦航空公司。

据说这座机场得名于约旦的阿利亚皇后——约旦国王侯赛因的第三任妻子（1977年在一次空难中去世）。不过，还有另外一种说法，阿利亚是侯赛因国王的第一个孩子（公主）的名字。不过到底哪种说法可靠，我也没打算一探究竟。关于眼前的这座机场，最主要的还在于欣赏，原因是它曾经被评选为世界上最具美感的12座国际机场之一。

从外观看，就能发现阿利亚皇后国际机场采用了被动式建筑设计。所谓"被动式设计"，就是指通过建筑设计的本身，而非利用机械设备等，达到减少用于建筑照明、采暖及空调的能耗。设计的方法有建筑朝向、建筑保温、建筑体形、建筑遮阳、最佳窗墙比、自然通风等。这样的设计理念灵感来自安曼当地的传统建筑。

安曼和西部山地属亚热带地中海型气候。约旦河谷与南部、东部为大陆气候，雨量稀少。一年之间，以10月到翌年5月是雨量较多的季节，也是旅游旺季，6月到9月比较干燥。昼夜温差较大，冬季要带大衣，夏季也要带薄外套。正是由于这里昼夜温差极大，所以设计方建议主体建筑大部分的用料采用混凝土材料。这是因为，混凝土具有很强的蓄热能力，可以起到被动的环境控制作用。

从高空俯瞰，可以看到棋盘拼花图案的篷顶。它们由一系列弧度较小的混凝土穹顶组成，看上去很像是贝多因帐篷随风鼓动起来的黑色布料。穹顶向外延伸，将立面遮挡起来，每个穹顶就是一个施工模块。设计方之所以使用灵活的模块化方案，这是为了方便机场以后的扩建。

穹顶从支撑柱开始向外伸展，形态类似沙漠棕榈树的叶子。日光从柱连结处的组合梁处射入下面的广场。为了与叶脉的形象相呼应，每个裸露的拱腹都采用了以传统伊斯兰形式为基础的几何图案，体现出自然、文化和技术的完美融合。

众所周知，安曼是世界上人类居住的最古老的城市之一，机场的设计与当地的建筑相呼应，使之具有一种地域感和仪式感。约旦人有热情好客的传统，设计方为了迎合约旦人家庭成员在机场聚集的习惯，对前厅进行了扩容，用来设置带座椅和树荫的景观广场，人们临行前可以在这里跟家人道别，也可以在这里为到港的家人接风。

机场登机口处的两排立柱沿中央建筑两侧一字排开，里边包含登记手续办理区域、店面、休息室和餐厅等。立柱间隙有很多露天的庭院，这也是当地建筑的特征。有了这些庭院，航站楼环境的可持续性得以实现：露天空间的植被和树木可以过滤污染物——植被在空气进入空气处理设备前可进行预处理；反射水池也能将散射的自然光折射到机场内部。

显而易见的是，航站楼外部采用的是玻璃围合，人们能够很方便地观察至停机坪上的飞机。水平的百叶为立面遮挡直射光线，阻挡眩光。在靠近立柱裸露的区域，百叶板条间的排列更加紧密。混凝土结构中加入当地产的砂砾，以减少维护的要求，降低材料的蕴藏能源，同时与当地沙漠的天然色调相协调。

作为约旦充满动感的地标建筑、一座节能建筑，阿利亚皇后国际机场除了外观设计令人惊叹，其新的航站楼还会容纳阶段性增长的旅客。新的设计和建筑也巩固了安曼作为黎凡特（Levant）地区主要枢纽的地位，保证了机场未来25年内能够每年扩容6%，并使机场的旅客吞吐量有望到2030年增长至1200万。

飞行住酿

因为一家酿酒坊的存在，
啤酒作为主题，
喧宾夺主地成为机场这个中转空间中的旅行主题。

Flying beer.

文／刘纬

一路奔波到机场，在人流如织的大厅中搞定托运、安检，并确定长长的购物清单没有遗漏，如果在登机前还有空闲坐下喝上一杯，就再惬意不过了。此时，你可能和我一样，觉得贵宾室里有些拘谨，缺少喝酒的氛围。如果身处慕尼黑机场，则有一个绝佳地方等着你。

常年被评为欧洲最佳的慕尼黑机场，一直以来有很多被称道的地方，诸如琳琅满目的时尚大牌，货品丰富而价格低廉，美食多样，啤酒绝对是其最为特别的。主打啤酒的餐厅酒吧为数不少，耳熟能详的就有德国HB、普拉纳(Paulaner)、艾丁格(Erdinger)等国际品牌，但相比他们，Airbräu却牢牢抓住很多啤酒爱好者的心。

慕尼黑机场

"因为我们是全球唯一开在机场里的酿酒坊，每一杯你喝到的啤酒都产于这里。这些可不是摆设，啤酒正待在里面发酵成熟。"首席酿酒师René Jacobsen 指着身旁那些巨大的橙黄色铜罐说道。它们占据了酒馆里的不少面积，和红砖墙、榉木地板及包豪斯风格的吧台凑在一起，让 Airbräu 富有鲜明的巴伐利亚工业风。

此时，我坐在铜罐旁的吧凳上，杯中名为 Kumulus 的小麦啤酒已经下去一半，略显浑浊的酒水让金子般的颜色平添一层质感，顶部发酵的传统啤酒酿造方法使口感细腻而丰富：入口时清爽的果味混合明显的小麦香气，收尾有淡淡金属的余味……这是三款常年供应的啤酒之一，另外两款是传统型清爽的艾尔和口感最为清爽淡雅的皮尔森。三款酒因为先后获得过德国农业协会食品检测中心(DLG)金奖，就作为经典长期保留在酒单上。另外五款则根据不同季节或主题限时供应——这给常要光顾这个机场的旅客一些期待：总能尝到新口味啤酒。

"Airbräu"直译为"飞行酿造"。这个名字和当初把酿酒坊开在机场里的想法一样，听起来很酷，但更多充满了冒险色彩。这个点子可不是在精酿啤酒大行其道的近年诞生的，而是始于20多年前。1999年，当在机场里酿造的第一杯无过滤鲜酿啤酒出炉时，全世界大多数人还在喝着寡淡无味的工业啤酒。从那时起，无数往来慕尼黑机场的旅客知道

这里有好喝的鲜酿啤酒，而机场本身也被赋予鲜明的个性。直到今天，世界上还没有第二个有酿酒坊的机场诞生。

和我的第二杯啤酒——Airnten，一款颜色清亮的夏季限定淡啤一起上桌的还有一份搭配酸白菜的炖猪肘。这道巴伐利亚的传统菜以分量巨大著称，因为经过长时间炖煮，吸足了汤汁的肉质软糯，刀叉毫不费力就可以完成剔骨。肥瘦相间的肉与酸白菜一起入口，再来上一口口感稍清爽些的啤酒，堪称完美搭配。除了这个酒吧、餐厅、酿酒坊的综合体，Airnten 在整个机场里还有另外两个地方，位于T2航展口出发区域的Airbräu – Next to Heaven。尽管规模稍小些，但满足了顾客上飞机之前可以用最后一点时间喝一杯的愿望；位于T1和T2之间连廊的Tenne，这个掩映在葱郁树木下的巨大露天花园同样罕见于机场。夏日的时候，此处极其受欢迎，常有数百人大趴或者现场乐队表演。

就在我大吃大喝之时，酿酒师René带领的一场酒窖之旅开始了。七八个人跟在他身后，钻进那扇平时总处于关闭状态的大门。如果事先预约并支付少量费用，游客便可以参观Airbräu的酿造车间，了解这个神秘的过程，并且全程由酿酒师作为向导。当然，在45分钟旅程结束时，还有若干种啤酒的品尝作为收尾。毫无疑问，它成了很多来慕尼黑游客旅行结束前的最后一个项目。

在新千岁，不会感到无聊

In the new Chitose, I won'␣t be bored.

文／刘华

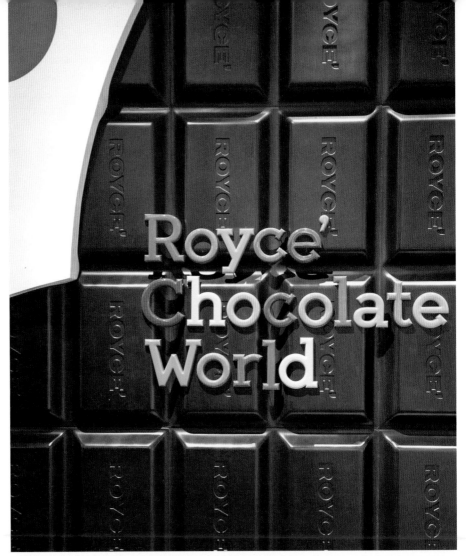

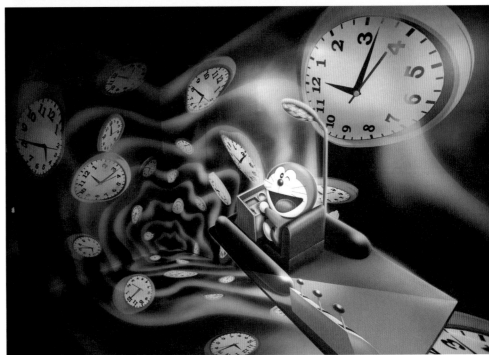

刘华，摄影师，国内知名旅游杂志前副主编，
参与《爸爸去哪儿》第二季新西兰站、《慢游
全世界》新西兰站等节目采访制作的资深旅
行家，先后到访过世界上近40个国家，创立
新西兰定制旅行公司D&L Travel Ltd（微信
公众号"享趣新西兰"），现旅居新西兰。

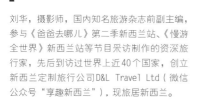

如果没人特别告知，很少有拖箱子走进新千岁机
场的旅客会知道，这里是全日本面积最大的机场——
也许只有在相对地广人稀的北海道，机场才可以稍微
"奢侈"地造大些。不过你会更容易被这个机场的内
容打动，它与其他任何一个机场的最大不同在于，即
使来得再早或者航班延误再久（这种情况只在冬天恶
劣天气时发生），你也不会感觉无聊。

要是空腹而来，新千岁机场中琳琅满目的餐厅
是第一大诱惑，它们堪称北海道美食精华的浓缩。
光是拉面，就以10家店的数量组成"拉面道场"。
在这个充满火药味名字的空间内，札幌的味噌拉面、
旭川的酱油拉面、函馆的盐味拉面……几大门派中
最有名的店铺比邻。

美味而省时，拉面是很合适在机场吃的食物：
冬天饱腹而温暖，夏天就着冰啤酒更是很滋润。如
不喜欢拉面，这儿还有很多其他选择，简单如汤咖
喱、猪排饭、荞麦面，半小时内搞定；隆重些有刺
身、寿喜烧、天妇罗，配上日本酒精致地享用……
每一家店都很有来头，要么是在北海道经营了数十
年的金牌字号，要么是横空出世并大受欢迎的网红
店，每个人都能发现自己所爱。我在这里眼前一亮
地找到了"松尾"——创业五十多年的北海道成吉思
汗烤肉的"元祖"，铁板上滋滋响的鲜嫩羊肉，险些
在这次旅行中被遗憾地错过。

美餐之后的娱乐时光其实才是新千岁机场最引
人之处，亦是其在全球机场中的独特存在，这里有
世界唯一一个哆啦A梦主题公园。在这个"哆啦A梦
欢乐天空乐园"中，哆啦A梦和大雄、胖虎、静香、
小夫一干人等终日恭候。刚一入场，真实大小的大
雄房间首先出现，大雄悠闲地躺在榻榻米上，一旁

不但有哆啦A梦，连他极少露面的妹妹哆啦美都从
抽屉中钻出现身。这一区域以"秘密道具"为主题，
以哆啦A梦口袋里的各种宝贝为线索，时光机、任意
门、竹蜻蜓……尽管各种互动游戏主要是为小朋友
设计，但依然很多成人很投入地参与其中，毫无违
和感。每隔一段，当此区域舞台前凑满人时，台上
的门便会打开，活灵活现的哆啦A梦摇摇晃晃走出
来，以一段热情的歌舞让气氛嗨上天。

体验区中的哆啦A梦人物和各种道具都按照真人
等比例大小，并且可以近距离接触。无论谁凑到跟
前，都会一下子融入，拍出的照片浑然一体，这让
很多人舍不得离开，能把哆啦A梦带走的区域则很好
地缓解了这种心情。像任何日本的博物馆和主题乐
园一样，这里的消费区域自然配合得滴水不漏。在
那片巨大的有奖游乐区域，在名为UFO Catcher的成
排抓娃娃机器中，各种可爱的哆啦A梦系列人物玩偶
海量堆放，投币并小心翼翼地操纵，那些大小不一
的可爱家伙就有可能被你的"魔爪"擒获。这样的
获得比在旁边的消费区花钱买带给人更多的成就感。
但主题商店和咖啡馆是不可替代的，恐怕整个新千
岁机场人气最旺的地方就在这个商店中，很多没有
时间进入主题公园的人，都是直奔这里。哆啦A梦
相关商品种类极其丰富，玩偶、拼图图书、服装一
应俱全。而咖啡馆里则有各种有着它们造型的食物，
最熟悉的莫过于哆啦A梦的最爱铜锣烧，以及鲷鱼
烧、奶昔、冰激凌，连咖啡表面的奶泡上，都是哆
啦A梦咧着大嘴傻笑的造型。不过就我观察，这里人
气一般，受欢迎程度远没有其他餐厅，可能真正的
粉丝都舍不得把这么可爱的家伙用刀叉破坏掉，然
后吃进肚子里。

美轮美奂的『大飞鱼』／深圳宝安国际机场

Beautiful "big flying fish" · Shenzhen Bao'an International Machine

文／楠

福克萨斯建筑设计事务所创始人马希米亚诺·福克萨斯

"通过动线展示、轨道设计以及灯光设计的完美运用，对公共空间进行了丰富的设计表达"，国际空间设计大奖"艾特奖"（Idea-Tops）评委会2013年如是评价深圳宝安国际机场T3航站楼，该设计获得了当年的"最佳交通空间奖"。

深圳宝安国际机场T3航站楼由意大利福克萨斯建筑事务所（Studio Fuksas）设计完成，2008年这家事务所在一场国际竞标中战胜了包括福斯特事务所、Foreign Office和日本的Kisho Kurokawa等在内的多家强劲对手，赢得了为深圳机场设计T3新国际航站楼的机会。

T3航站楼建筑结构的设计灵感来自有机形式并采用了蜂窝式的天窗，其室内环境则结合了运动和静止两种相互对立的设计概念。该航站楼工程是深圳当时单体面积最大的公共建筑，总建筑面积达45.1万平方米，主楼屋面标高45.8米。

机场登机区设计雏形为一条巨大的蝠鲼，建筑造型新颖动感。工程主体结构采用钢筋混凝土框架结构，采用钢结构支撑体系，外围护结构采用蜂窝状幕墙，建成后的机场成为珠三角地带"空中走廊"强有力的一环，与广州、珠海、澳门、香港机场交相辉映。

福克萨斯建筑事务所的所有人、建筑师马西米利亚诺·福克萨斯（Massimiliano Fuksas）说："我希望能营造出蝠鲼游动的感觉。进入登机区域后可进入一座露天的广场，可享受咖啡。内部设计是非常重要的。"

福克萨斯把自己的设计形容为"一段音乐"，他说："服务都涵盖在双层外墙之下，其钢结构优于混凝土结构，更容易控制。玻璃是透明的，加上天窗……像是一段音乐或一段波浪。"

T3航站楼的主要建筑分三层，每一层都有各自的功能：出发、抵达和服务。机场的整体顶部结构采用支点框架结构，用最精简的材料，完成顶棚和侧面结构的搭建。整个结构自然营造出一种后现代主义的建筑风格。这种建筑结构既充分考虑到建筑本身的承重能力，又充分利用了自然光线，让建筑内部可以在不开灯的情况下，满足普通光线需求。这样一来，贯彻了环保的理念。同时，这些结构形成了自然的窗户，可以看到外面飞机起降的景象。

节能环保是深圳机场T3航站楼的一个突出亮点，福克萨斯说，这里采用的都是自然光线，在设计之初就考虑了这一点，并且采用"双层皮"结构，类似于西方大教堂，自然有冬暖夏凉的感觉。"双层皮"使

壮观的深圳宝安国际机场候机楼

得热量停在顶部，可以用自然方式降温。其实，这样的设计如果不安装空调，效果也是可以的。

细节方面的设计也有很多值得称道之处，比如T3航站楼休息区的椅子就很有创意，和绿化植物完美结合起来，不是单调的方正座椅，而是曲线异形的白色凳子，一切都显得意趣盎然。

在设计深圳机场的时候，马西米利亚诺·福克萨斯表示他们充分考虑了深圳机场周边的地形。这里不同于北京、上海，这里围绕着山和海，还有田地。机场设计的初衷就是要考虑到人们有简单的生活，提高生活质量。旅行者在机场里应该感受到的是轻松、欢快，而不是带有压力，乘坐飞机出门就如同坐巴士和坐船一样普通。

旅行的人从一处到达另一处，是一种生活状态的改变——福克萨斯曾公开表达过自己的设计理念——机场是中转站，从深圳机场过安检、候机，就是经历一个从鱼、鸟到山的过程，走在候机厅里，屋顶"蜂巢六边形"的流线设计，还有周边的环境，会给人一种错觉，就是你已经在空中了。

按照之前的构想，福克萨斯希望用更多的时间来实现这一设计规划，不过中国的建筑者们仅仅用了3年时间就完成了结构建筑。更为难能可贵的是，在福克萨斯看来，"中国的建筑者们对于机场的建设和对于细节的把握比我想象的要好"。

冷落萧条的『荒凉』机场

In the new Chitose, I won't be bored.

文/Megan

圣赫勒拿岛机场

"荒凉"和"人烟稀少"是一对孪生词汇。因此荒凉的机场通常都建在偏僻的地方。这样的机场，国内外都有。

英属圣赫勒拿岛（Saint Helena），这座偏远小岛因为1815年—1821年间拿破仑被流放至此而闻名于世。岛上有一座以岛名命名的机场——圣赫勒拿岛机场，被人们称为世界上最徒劳无益的机场。

2011年，圣赫勒拿岛机场开始建设，历时6年，于2016年6月正式对外开放。不过，直到机场建成，人们才发现最初的选址和施工并没有充分考虑当地的气候条件，导致机场无法正常投入使用。

原来机场建在悬崖上，海上风大浪急，低空风切变和湍流对飞行的危害非常大。因为气候条件的限制，大型喷气式客机在此无法降落，仅接待过小型私人飞机。直到2017年5月，才有一架来自南非的载客60人的客机，首次在该机场降落。

圣赫勒拿岛是一个面积仅有121平方公里的火山岛，距离非洲西岸和南美洲东岸有数千里之遥，孤

零零悬于茫茫大海中。在建立机场之前，从最近的大陆到达这里只能通过海上航行，从开普敦出发到达这里需要5天的时间。

如今，圣赫勒拿岛机场孤零零地留在悬崖之上，何时能够正常使用不得而知。像这样"荒凉"的机场，国内也有。

从西往东看，位于中国青海省海西蒙古族藏族自治州茫崖行政区花土沟镇东南侧7公里处的一座民用机场——花土沟机场，也称得上"荒凉"。

20世纪50年代，柴达木盆地上发现石油，十几万石油工人聚集于此。60年代后期，油田枯竭，采油作业区西移300公里处的茫崖，后勤和家属则向北搬迁到540公里之外的甘肃省敦煌市（青海石油管理局）。茫崖依靠石油和石棉、钾、云母等矿产，成为青海省最重要的经济支柱。

由于经济地位重要、离散家属多、距离偏远等原因，2012年，青海省根据"一主八辅"的规划，投资建设了海拔2906米的花土沟机场。花土沟机场

选址在"茫崖行政委员会"所在的"花土沟镇"，周围是散布着"磕头机"的花土沟油田。荒凉的戈壁上居民极少，这座机场基本上就是为油田服务的。

新的花土沟机场2015年6月26日完成首航。然而因为客流太少，在运营不久后停航。2016年6月再次迎来定期航班。这座距离省会西宁1300公里的机场着实荒了很久，也不知道何时能出现繁忙景象。

从青海往东去，在四川省阿坝州红原县境内，有一座阿坝红原机场，距离阿坝州府马尔康约128公里，距离红原县城约48公里，海拔高度约3535米，属于高原机场。阿坝红原机场占地2888亩，总投资达9亿元，机场等级为4C。机场于2012年7月开工，2013年9月完成机场校飞，2014年6月5日完成试飞，8月28日正式通航。

这条航线最主要的目的就是给当地的旅游资源带去客流。但客流量仍然缺乏，2015年完成28万人次，2016年下降至18万人次。

巴丹吉林镇是内蒙古自治区阿拉善右旗政府的

神农架机场

阿坝宏源机场

辽宁长海机场

花土沟机场

所在地，这里有一座机场——巴丹吉林通勤机场。机场的连接点只有两个：阿拉善左旗和额济纳旗。这里有巴丹吉林沙漠，年降水量不足40毫米，沙漠中的湖泊竟然多达100多个。高耸入云的沙山，神秘莫测的鸣沙，静谧的湖泊、湿地，构成了巴丹吉林沙漠独特的迷人景观，每年吸引不少外地游客前来。然而吊诡的是，2015年这个机场接待人次本来已经突破了15000人次，2016年却急剧下降到5000人次。

再往东看，神农架机场是湖北省神农架林区一座民用机场，位于红坪镇，海拔2,580米。神农架机场投资规模较大，而且因为这里的地形关系，修建难度也很大。建设中"削平了5个山峰、填平数百个溶洞"，具有一定的危险性。2014年通航，但是营业状况不佳，2016年接待量仅2万人次，而机场规划的旅客量为25万人次。

长海机场是我们关注的第五个"荒凉"机场，

也是最靠东的一座机场。它位于辽宁省大连市长海县大长山岛东南杨家村，三面环海。

1988年9月，作为第一家县营民用机场，长海机场的前身——大长山岛民用机场完工，总投资1300万元。当时的乘客大多是往来的商务人员和政府官员，几十元钱的机票对于当时长海的百姓来说有些昂贵，除了一些个别的紧急事件，很少有百姓乘坐。1996年6月21日下午，由于飞机在执行大连至长海的航班飞行途中失事，长海机场从此一直处于关闭停航状态。

2008年1月25日，改造后的长海机场通过了相关部门的验收和开放使用审查得以复航。由于长海县是一个海岛县，可以发展的交通工具有限，长海机场也主要是用于外界与长海县的商务联系。不过据公开资料显示，至今每年接待量不超过4000人次，其"荒凉"程度可见一斑。

专 **GENERAL AVIATION.**

未来通用机场的分类标准、

建设管理将更加统一和清晰，

流程也将有明显简化，

这都有益于未来通用机场网络化布局的实现。

通用航空机场的不同之处

General aviation airport differences.

文／萧树

通用机场属于民用机场，但与民用机场又有所不同。民用机场指专供民用航空器起飞、降落、滑行、停放以及进行其他活动使用的划定区域，包括附属的建筑物、装置和设施。民用机场分为通用机场和公共运输机场；不包括临时机场和专用机场。通用机场属于民用航空机场，不过它承担了更多其他飞行任务，比如公务出差、空中旅游、气象探测、农林喷洒、消防警巡、空中救援等特殊的民用飞行任务。

不同的建设审批流程

通用机场的审批程序与民用机场不同。通用机场的审批同时涉及军方、民航和地方政府三方。涉及如下的法规：

国家	《民用机场管理条例》国务院 553 令
民航局	《民用机场使用许可规定》（CCAR-139）
	《民用机场建设管理规定》（CCAR-158）
	《通用机场建设规范》（MH/T 5026-2012）
民航地区管理局	七个地区管理局出台的《通用机场建设管理办法》
军方	《关于新建通用机场场址核准问题》司作【2014】132 号
	《临时起降点设立及使用管理暂行办法》司作【2009】424 号

通用机场的建设审批总体上可分为选址设计、建设实施、验收审批和日常使用四个阶段。尽管通用机场立项审批权已下放地方政府，但其建设审批流程仍然繁琐，审批部门多，程序较为复杂。从审批、建设到颁证要经历50多个步骤。根据目前情况，一个通用机场从规划、选址到竣工验收获得使用许可证一般需要花费两年甚至更长时间。

不过，全国性的"通用机场规划"与"通用机场建设管理办法"正在征求意见过程中，未来通用机场的分类标准、建设管理将更加统一和清晰，流程也将有明显简化，这都有益于未来通用机场网络化布局的实现。

通用机场的特别之处

目前我国把机场按照飞行区等级划分。用"数字+字母"两个部分组成的编码来表示。第一部分的数字，表示飞机性能所相应的跑道性能和障碍物的限制。第二部分的字母，表示飞机的尺寸，也就决定了所要求的跑道和滑行道的宽度。

目前我国民用机场飞行区等级均在4D以上。也就是说都是1800米跑道以上了。

通用机场的跑道导航设施往往比较简陋，一般不具备大型民航飞机起降的条件。民航机场跑道较长，

而通用机场跑道相对会短。有些通用机场甚至没有跑道，只有供直升机起降的停机坪。民用机场的跑道是水泥跑道，但通航机场可以是草地，沙石地，雪地等。

一般来说，民用机场都在陆上，有的在山区，但需要削平山头，也有沿海填海造机场的；通用机场就灵活许多，可以在陆上，也可以在楼顶停机坪，甚至在水里起飞。

民用机场是专供大型航空器起飞、降落、滑行、停放以及进行其他活动使用的划定区域，而执行通用航空飞行任务的飞行器大都是小型飞机、轻型飞机、直升机等；在用途方面，民用机场主要承担旅客和货物运输。通用机场则开展飞行员培训、空中巡查、空中测绘、气象探测、防林护林、喷洒农药等作业飞行，以及应急救援、商务包机、空中摄影、景点观光、空中表演、私人飞行、短途运输、航空运动等民生功能。

另外，在我国，通用机场也是有分类的。一类（A类）通用机场是指"具有10~29座航空器经营性载人飞行任务，或最高月起降量达到3000架次以上"；二类（B类）通用机场是指"具有5~9座航空器经营性载人飞行任务，或最高月起降量达到600~3000架次以上"；三类（C类）通用机场则是指"除一、二类外的通用机场"。

因为通用机场的多样性，民航各地区管理局对于通用机场的定义和分类标准还没有完全统一。

第一位数字		第二位字母		
数字	飞机场地长度	字母	翼展	轮距
1	小于800米	A	小于5米	小于4.5米
2	800米~1200米	B	5米~24米	4.5米~6米
3	1200米~1800米	C	24米~36米	6米~9米
4	1800米以上	D	36米~52米	9米~14米
		E	52米~60米	9米~14米

什么是商务机场？

Jiangsu China is the province with the most international airports

文／穆晓晓

商务机机场

商务机是指在行政事务和商务活动中用作交通工具的飞机，亦称行政机或公务飞机。商务机场就是针对通用航空中专注于服务私人商务飞机飞行任务的机场，其服务对象定位在国内外高端商务人群。

选址

民用机场选址考虑地理位置、地形、净空条件、气象条件、地面交通便利程度、当地经济发展程度等一些常规因素；定位于商务飞机飞行任务的机场，除考虑以上因素外，还要考虑当地通航产业配套发展程度、所在区域高新产业集中度等综合因素。国内外商务机场主要集中在高新技术开发区、热点旅游景区、通航产业园区、沿海商业圈。

特点

与大型运输机场服务公众的性质不同，商务机场是通用航空中服务于高端商务人群的机场，其功能更灵活、建设规模相对小、周期短、经济拉动效应明显，总体规模与一般的支线机场类似，建设周期一般为2~3年。

建设意义

商务机场不同于民用机场和支线机场，拥有明确的旅客定位和市场需求；商务机场将拉动机场周边包括飞机商店、日常维护、空中医疗等相关行业发展，推动区域临空经济建设，同时建立通用航空产业发展目标的飞机组装、销售、维修、运营的综合通用航空产业集聚示范经济区，将带动周边航空经济的整体发展，有利于通航产业发展。

美国·泰特波罗机场
Teterboro Airport

启用时间： 1918年开始运营

地点： 美国新泽西州卑尔根郡（距纽约市曼哈顿中心区约19千米）

主营业务： 美国FAA认证专用商务机机场，私人飞行及商务飞行

概况： 由纽约—新泽西港务局所有并负责所有运行。占地面积近4平方千米，拥有两条跑道、6座航站楼、27个机库和5家商务机固定基地运营商（FBO），只运营包机、商务机以及提供其他通用航空服务。商务机起降量突破16万架次/年。

美国·劳德代尔堡国际机场
Fort Lauderdale-Hollywood International Airport

启用时间： 1929年5月1日

地点： 佛罗里达州的大西洋海岸，劳德代尔堡市中心西南部（距阿密北部约35千米）

主营业务： 以商务、休闲度假旅客为主，适合低成本、低票价航空公司营运

概况： 机场归布劳沃德县所有，由布劳沃德县民航局运营管理。

该机场是银色航空与精神航空的枢纽机场，是忠实航空、捷蓝航空、西南航空的重点机场。佛罗里达州第四繁忙、美国第21位最繁忙的机场。旅客可直飞美国境内、加拿大、墨西哥、加勒比海、中美洲、南美洲及欧洲各目的地。日均航班640架次。

劳德代尔堡国际机场占地1380英亩（558公顷），海拔高度为3米（9英尺）。机场共有3条沥青跑道；长宽分别为1608米×30米的09R/27L跑道、2743米×46米的09L/27R跑道和2112米×46米的13/31跑道。

全球20大热门商务机场

Top 20 global business jet airports. 文 / 萧树

马来西亚·吉隆坡国际机场
Kuala Lumpur International Airport

启用时间： 1998年6月27日

地点： 雪兰莪州南部的雪邦（距吉隆坡约50千米）

主营业务： 商务与民用航空等

概况： 马来西亚最主要的国际机场之一，由马来西亚机场集团所有。吉隆坡国际机场的指挥塔高130米，

世界第二高。机场现有两条平行的跑道：14L/32R 、14R/32L，每条跑道长4000米，宽60米。当同时使用两条跑道时，机场每小时能处理120架次的起降。在吉隆坡国际机场2020大蓝图中，机场将增建2至3条新跑道。

美国·圣安东尼奥机场
San Antonio International Airport

启用时间： 1942年7月

地点： 德克萨斯州圣安东尼奥 Uptown Central

主营业务： 商务与民用航空等

概况： 机场占地1,100公顷，海拔高度247米，拥有两个航站楼，3条跑道。由21家航空公司提供44个目的地，其中包括墨西哥的6座城市，为美国的C级机场。2018年1—5月的客流量达到3896,072人次。

美国·伊戈尔郡机场
Eagle County Regional Airport

启用时间： 不详。20世纪70年代中后期只有一家航空公司运营定期航班

地点： 美国科罗拉多州以西6.437376千米的鹰县

概况： 机场面积255.76公顷，拥有一条跑道。机场的季节性很强，大多数航班只在冬季开放。目前夏季的航班也越来越受乘客欢迎，但只有联航快运和美国航空提供全年航班服务。附近有韦尔和比弗河滑雪胜地，深受私人飞机运营商的欢迎。

法国·巴黎布尔歇机场
Paris Le Bourget Airport

启用时间：1919年开始运营

地点：法国巴黎东北偏北方向11千米处

概况：巴黎第一座民用机场，海拔高度为66米（218英尺），共有3条跑道：长宽分别为2665米×60米的03/21沥青跑道、3000米×45米的07/25混凝土跑道和1845米×45米的09/27沥青跑道。商务机专用机场，也是欧洲最繁忙的商务机场，拥有全球商务航空机场最多的驻场FBO。

美国·洛杉矶范奈司机场
Van Nuys Airport

启用时间：1942年

地点：圣费尔南多山谷的范奈司

概况：洛杉矶范奈司机场为洛杉矶世界机场所属的三个机场之一，属通航类交通枢纽机场。机场专为好莱坞与环球影视城著名明星以及比弗利山庄富豪们提供商务机飞行。范奈司机场是美国繁忙且重要的机场之一，年旅客吞吐量至少为40万人次。共有100余家运营公司入驻，其中包括6家FBO。

美国·盐湖城国际机场
Salt Lake City International Airport

启用时间： 1911年

地点： 美国犹他州盐湖城西部大约6.5千米

概况： 盐湖城国际机场拥有两个候机楼，5个中央大厅，90个登机口。机场每天由达美航空和天空西部航空公司发起300多个航班，也是达美航空的枢纽。机场的繁忙程度在美国排名15，在全球最繁忙机场中排名第28位，其中通用航空占据了很大一部分业务。2008年，该机场的交通活动中19%的属于通航作业。2007年数据显示，有388架通用航空飞机的基地都坐落于此。

美国·拉斯维加斯麦卡伦国际机场
Las Vegas McCarran International Airport

启用时间：

地点： 拉斯维加斯市中心以南约8千米的帕拉代斯

概况： 麦卡伦国际机场由克拉克县航空局管理和营运。机场占地面积约为1100公顷，海拔高度为653米，共有四条跑道：长宽分别为2979米×46米的01R/19L沥青跑道、2739米×46米的01L/19R混凝土跑道、3208米×46米的07R/25L沥青跑道和4423米×46米的07L/25R沥青跑道。克拉克县又购买肯德森行政机场（Henderson Executive Airport）以支援麦卡伦机场。

美国·威廉·佩特斯·霍比机场
Houston William P. Hobby Airport

启用时间： 1927年

地点： 美国德克萨斯州休斯顿市以南约11千米处

概况： 机场隶属于休斯敦市政府，由休斯敦机场体系运营管理，为休斯敦市提供航空服务。是休斯敦市第二大机场，又是该市最古老的机场，历史超过80年之久。

霍比机场占地面积为1304英亩，海拔高度为14米。机场共有4条跑道：长宽分别为2317米×46米的04/22跑道、2317米×46米的12R/30L跑道、1569米×30米的12L/30R跑道和1829米×46米的17/35跑道。各主要跑道配有精密的仪表着陆系统。两条较短的跑道主要用于通用航空。

1969年新机场投入使用后，霍比机场仅供商务与私人小飞机起降。1971年，西南航空公司开通从霍比机场起飞的得克萨斯州内航线，才迎来定期航班。目前有8家航空公司使用霍比机场，连接60多个美国航点。

茱莉安娜公主国际机场
Princess Juliana International Airport

启用时间： 1942年

地点： 加勒比海圣马丁岛

概况： 机场名称来自荷兰当时的皇位接班人茱莉安娜公主，由茱莉安娜公主国际机场股份有限公司管理运营。茱莉安娜公主机场是背风群岛地区重要的航空枢纽，其繁忙程度在东加勒比地区仅次于圣胡安国际机场。机场的最大特色，就是其2301米长的跑道。由于跑道距离海边太近，无法设置气流缓冲区。飞机到达机场附近的玛侯海滩（Maho Beach）时，离海滩高度只有约10~20米。

美国·洛杉矶国际机场
Los Angeles International Airport

启用时间：1948年

地点：美国加利福尼亚州洛杉矶市

概况：1948年投入商用航班营运，一直是洛杉矶地区的主要机场。洛杉矶国际机场不但是加州最繁忙的客运机场，在美国也是第三大的机场。机场距离市中心27公里，拥有4条跑道、1个主体航站楼（分为8个候机大厅）。机场拥有私人飞机航站楼，航站楼由私人安全专家加文·德·贝克尔(Gavin de Becker)设计，是美国首个此类航站楼。

中国山东·济南遥墙国际机场
Jinan Yaoqiang International Airport

启用时间：1992年7月26日

地点：山东省济南市东北方向的历城区，距市中心30公里

概况：机场为4E级民用国际机场，是中国重要的入境门户和干线机场之一。据2017年9月机场官网信息显示，济南遥墙国际机场占地7200亩，航站楼建筑总面积11.4万平方米。其中南指廊面积3万平方米，可保障年旅客吞吐量1200万人次，高峰小时4500人次，飞机起降10万架次的需求；机坪共44万平方米，设有24个登机桥。

加拿大·蒙特利尔皮埃尔·埃利奥特·特鲁多国际机场

Aéroport international Pierre-Elliott-Trudeau de Montréal

启用时间： 二战期间

地点： 加拿大魁北克省蒙特利尔市以西，多佛尔市境内

概况： 简称蒙特利尔特鲁多机场或特鲁多机场，前称多佛尔国际机场（法文：Aéroport international de

Montréal-Dorval），始建于20世纪40年代。机场由蒙特利尔机场（ADM）经营与管理，是魁北克省最繁忙的机场，也是加拿大第三繁忙的机场（按旅客），排在多伦多皮尔逊国际机场与温哥华国际机场之后。机场同时为民用飞机和通航飞机提供服务，提供直飞非洲、中美洲、南美洲、加勒比海地区、欧洲、美国、墨西哥和加拿大其他城市的直飞航班。它是加拿大唯一一座拥有直飞非洲航班的机场，同时也拥有北美最大的免税商店。

墨西哥·切图马尔国际机场

Cancún Chetumal International Airport

启用时间： 不详

地点： 墨西哥犹加敦半岛加勒比海岸金塔纳罗奥的坎昆

概况： 切图马尔国际机场由ASUR运营，是墨西哥第二繁忙的机场，仅次于墨西哥城国际机场，目前是拉丁美洲第五繁忙机场。该机场正发展成为墨西哥最重要的国际机场之一，有两条跑道。1号航站楼用于来自北美的租赁航班，包括国内租赁航班。2号航站楼主要为国际航空公司服务。3号航站楼负责来自北美和欧洲的国际航班。

美国·怀特普莱恩斯威彻斯特机场
Westchester County Airport

启用时间：不详
地点：美国纽约的哈里森地区
概况：该机场修建于1942年，主要服务的区域有威彻斯特、纽约市的郊区以及费尔菲尔德县。同时机场亦会服务于纽约大都会地区曼哈顿中城，以缓解纽约市其他地区机场的拥挤。1949年后半年，美国航空公司（American Airlines）在该机场首次运行定期航班。怀特普莱恩斯机场上有9家航空公司，飞往美国和加拿大地区的16个目的地。机场占地284.1公顷，拥有两条沥青跑道、1个候机楼。

美国·菲尼克斯空港国际机场
Phoenix Sky Harbor International Airport

启用时间： 20世纪30年代

地点： 美国亚利桑那州首府菲尼克斯（凤凰城）

概况： 菲尼克斯空港国际机场在1935年之前名为菲

尼克斯（凤凰城）机场（Phoenix Airport）。该机场共有3条跑道，是全美航空、西南航空的枢纽港，是亚利桑那州最大的机场，也是美国第八繁忙机场。2017年，机场服务了43,921,670名旅客，在全球最繁忙机场中排名第34位，日均处理1200架次飞机。

美国·拉夫菲尔德机场
Dallas Love Field Airport

启用时间： 不详

地点： 达拉斯市中心西北11千米处

概况： 机场始建于1917年，归达拉斯市政府所有，由达拉斯民航局运营管理，为达拉斯、沃尔斯堡和阿灵顿市提供航空服务。20世纪70年代，引发世界航空运输行业变革的美国西南航空公司从这里开始发迹，是西南航空的总部所在地，也是西南航空最大的通航点之一。机场占地面积5.2平方公里，拥有两条平行跑道（2684米、2364米）、1条交叉跑道（1784米）和3个航站楼。

瑞士・苏黎世国际机场
Zürich Unique Airport

启用时间：1948 年

地点：苏黎世市于市中心以北 13 千米

概况：苏黎世机场是瑞士最繁忙的机场，2014年的客流量超过2550万人次。苏黎世机场有3条跑道、1座陆侧航站楼和3个登机区域。苏黎世机场连续多年被评为"欧洲一流机场"。从苏黎世机场到市中心乘坐火车只需11分钟。轨道交通和汽车可以直达。苏黎世机场的布局简单通达，中转路程短。

西棕榈滩国际机场
West Palm Beach International Airport

启用时间：1936年

地点：佛罗里达州西棕榈滩

概况：机场由西棕榈滩郡机场部门运营。每年有大批旅客进出该机场。西棕榈滩国际机场的优质服务、专业的保障能力，吸引了众多航空公司在西棕榈滩国际机场开通航线。

条条大道通伦敦

All roads to London.　文 / 陆楠

作为全球最知名的大都会之一，伦敦的起源在历史上并无确切记载。公元43年，罗马人征服了这个地方，随之在泰晤士河畔建筑了一个聚居点，取名"伦底纽姆"（Londinium）。有学者认为Londinium源自凯尔特人的语言，意思是荒野之地或者河流流经的地方。

伦敦城市机场

如今，这块荒野之地已然成长为世界上最大的金融中心之一。2018年，伦敦在世界城市规模的排名中与纽约并列首位。毫无疑问的是，伦敦是多元化的大都市，居民来自世界各地，是一座种族、宗教与文化的大熔炉，使用的语言超过300多种，是全球化的典范。这样一个地方，交通的重要性就不言而喻了。

《星期日泰晤士报》发布的2017年泰晤士富豪榜显示，伦敦的亿万富翁数量全球第一。威廉王子、俄罗斯巨头阿布拉莫维奇、印度钢铁大王米塔尔、球星贝克汉姆等富豪名流都在伦敦豪掷千金置业。私人飞机出行是这些巨富出行的主要选择之一，毕竟他们几乎人人拥有私人飞机。

俄罗斯铝业大王杰里帕斯卡将房产的位置选在伦敦市中心，这座2500万英镑购置的豪宅是座带花园的6层楼房，里面有9个卧室和6个客厅。在他36岁那年，相当长的一段时间内，每个周末都要乘坐私人飞机到伦敦补习英语，并到这所豪宅小住。像这样的名流巨富乘坐私人飞机往来伦敦的事不胜枚举。除此之外，作为商务金融重镇，全球企业高管搭坐私人飞机也是往来频繁。

有飞机就对机场有需要。希思罗机场是英国首都伦敦的主要机场，作为世界主要航空枢纽，它是全欧洲最繁忙的机场，也是世界最繁忙的机场之一。2017年旅客吞吐量7801万，居全球第7位。

希思罗机场虽然大，但作为"时间机器"的商务机的特征之一就是灵活方便，所以一旦让它和大机场的民航飞机分享航班时刻就会大大降低双方的运营效率。另外，伦敦毕竟还是欧洲最忙碌的商务机起降目的地。据统计，每年进出伦敦的公务机架次接近10万

之多。显然，忙碌不堪的希思罗机场也很难以一己之力来消化这些商务机。因此，英国方面在伦敦城市周边建设了多个商务机专用机场，包括可以兼顾民航和商务航空的中小型机场。

伦敦跨泰晤士河两岸，以平原为主，地形平坦，地势较低。在它的周边分布着5个主要运营商务机的机场，其中伦敦城市机场离市中心最近，但是起降费用也是最贵的。伦敦城市机场就坐落在皇家码头区，距离伦敦市中心约11公里。该机场专门为商务人士设计。

1986年，查尔斯亲王在伦敦皇家码头工地为奠基礼揭幕。18个月后的1987年11月5日，英国女王为

1987年11月5日，伦敦城市机场正式启用，英女王亲临仪式现场

伦敦城市机场正式揭幕。伦敦城市机场在80年代仅运营4条航线。经过30年的发展,伦敦城市机场目前年服务乘客达450万人次,连接近50个目的地。

伦敦城市机场首席执行官德克兰·科利尔(Declan Collier)在评论过去30多年的发展时说:"伦敦城市机场自1987年开始运营至今经历了巨大的发展,由于紧邻伦敦市中心,再加上值机迅速、航班准点等带来的优越客户体验,我们一直在吸引以商务人士为主体的旅客。菲利普亲王曾在机场十周年庆典上称:"我认为建造这座机场是个绝妙的想法,后来我发现到这里非常便捷。有一次我从白金汉宫到这里只用了19分钟。"

位于城市机场西北方向的卢顿机场是伦敦周边公务机起降架次最繁忙的机场。20世纪30年代,卢顿机场就已经投入使用。

卢顿机场位于英国伦敦市中心以北56.5公里,目前拥有3座公务机专用候机楼(FBO),归卢顿自治市议会所有,由伦敦卢顿机场运营有限公司运营管理。卢顿机场是伦敦周边机场中最便宜的,起降费745英镑(约8200元),24小时停机费为874英镑(约合9614元)。作为英国第七大机场,它在世界排名第137位,主要接待休闲度假旅客,其中78%来自定期航班,22%来自包机服务。20世纪六七十年代,这个机场见证了英国包机航空业务发展的许多重大事件。

谈到起降架次,卢顿机场排名第一,排名第二的就是著名的范堡罗机场。这里每两年举办一次范堡罗航展,是首屈一指的世界最大航展之一。另外,范堡罗机场还是英国的第一个飞机场和1908年英国第一次动力飞行的机场。如今,新的TAG范堡罗机场由3DReid建筑师事务所设计增建,是欧洲最大的私营/商业机场。

3DReid的目标是用建筑反映技术和飞机的美。新设计的机场主中庭是三维椭圆形碗的空间,复杂的中庭空间是建筑的核心,是所有客运设施、办公室和业务领域的交通中心。建筑内部极具雕塑感的空间设计表达了航空服务业开放、流动和热情的特点。

由于机场距离伦敦只有一小时左右的车程,很多商务人士喜欢将自己的商务机停靠在此。范堡罗机场虽然有可以起降空客A380客机的跑道,但是这里没有商业航班,只有公务机起降。公务机公司TAG的基地就设在该机场。

整个伦敦地区还有盖特威克、斯坦斯特德等机场。这些机场通过合作运营、差异化经营等手段,共同为不同类型的航空公司、不同需求的旅客和航空货运运营商提供服务。对于商务机来说,寻求快速便捷、隐私保护和较低的起降费用等,避开大机场,选择专门的商务机场是明智之举。

卢顿机场

范堡罗机场候机楼

生活在机场

Living at the airport.   文 /BethAny Whitfield 译 / 王珏 编辑 / 锦芳

主创设计师就是来自福克萨斯建筑设计事务所创始人马希米亚诺·福克萨斯

■

现如今，拥有私人机场的生活社区的存在
使得与"飞机同住"的概念比以往
更具吸引力。

对于很多飞行员来说，终极梦想就是一出家门就
能坐上飞机，驾驶飞机滑行百米后进入跑道。对于数
千名生活在美国各地私人机场社区的人来讲，这种想
法并不是白日梦，而是日常生活。

这里能带给私人飞机拥有者更多驾驶飞机翱翔
的机会，也能让志同道合的飞行爱好者建立深厚情
谊。毫无疑问，私人机场社区的益处不胜枚举。然
而，选择适合自己生活的机场社区有时候也是一件
棘手的事，既要考虑到个人喜好，又要考虑到家庭
生活对机场基础设施的要求，也许还有一些其他因
素。基于这些原因，美国各地的私人机场社区总能
提供与众不同的体验。在这些私人机场社区里，无
一例外都可以容纳各种各样的飞机，包括涡轮螺旋
桨飞机和喷气式飞机。

新型社区

"居住型"飞机场这个概念诞生于二战后。那段
时间美国出现了大量飞机和飞行员，为了合理安顿
这些退役的飞行员，民用航空管理局启动了在全美
范围内兴建6000个机场社区的计划。经过几十年的
发展，私人机场社区已发展成为具有投资价值的一
站式社区。根据网上私人机场探索与资源中心"Live
at the airport"的资料显示：全球有630个私人机
场社区。这些机场社区既包括世界上规模最大且最
负盛名的社区，也包括散落在各地的小型机场社区。
在美国，佛罗里达州因为拥有70多个私人机场社区
而在全美排名第一，德克萨斯州及华盛顿以拥有65
和50个紧随其后。更重要的是，全美各地都分布有
私人机场社区。

私人机场诞生于美国，如今它已经在世界范围内
发展壮大，而且能够满足飞行员多样化的需求，无论
你是想要追求安静田园生活的飞行爱好者，还是追求
都市快节奏生活的飞行员，总有一个社区适合你。

城市生活

如今，许多大型私人机场社区都堪称一个迷你城镇。它们不仅拥有齐全的飞机维护与保养设施，更有配套餐馆、健身房和乡村俱乐部等。美国最大且最负盛名的私人机场社区之一的，Spruce Creek 便是其中之一。它为居民提供所有生活必备的服务，从高尔夫球课程到随叫随到的家庭医生。

从1974年建立第一间私人机场住宅到现在，Spruce Creek 现在已经拥有超过1500座住宅和600多架常年停驻的飞机。为了安顿好数量庞大的居民，Spruce creek 常年提供状况良好的22.53千米滑行道、48.28千米车道，长1219米，宽45.72米的飞机跑道，以及GPS定位系统、飞行俱乐部、飞机租赁服务和飞行训练课程。

除了上述列举的服务，这个机场社区还毗邻市中心，这也是 Spruce Creek 一直是备受欢迎的原因之一。Spruce Creek 的主人伦尼·奥尔森补充道："我们之所以非常受欢迎，原因之一就是我们临近市区。你可以在5公里范围内解决一切生活需要，银行，超市甚至去医院做手术。"

田园景致

许多私人机场社区给居民提供幽谧的田园居住环境，如坐落在北格鲁吉亚山中的 Heaven's Landing 机场社区就以优美的景致出名。正如这里的经理杰拉尔斯·西尔维斯（Gerald Silvous）所说："能找到如此安静的山区且能容纳一公里长跑道的社区是非常难得的。"三面环山的 Heaven's Landing 因地制宜地提供了大量适合自然爱好者的活动，包括登山和攀岩，等等。为了给居住于此的飞机爱好者们提供更完善的服务，Heaven's Landing 还大力兴建俱乐部、泳池、壁球馆和网球场等。

在 Heaven's Landing 里，1.5英亩的土地售价在125,000到350,000美元之间。据西尔维斯说，这里的许多居民是都从很远的地方特意过来安家的。"能接收这么多居民入住实在是不可思议的。"

西尔维斯补充道："我们这里有从全美各地来的居民。"尽管 Heaven's Landing 的居民来自不同的地方，但最重要的是他们都是飞行爱好者。"这个社区里的飞行员们能够和谐相处并且有着共同的爱好，'吹嘘'各自的飞机也是这里的生活乐趣之一。"西尔维斯开玩笑说。

主创设计师是来自福克萨斯建筑设计事务所创始人马希米亚诺 · 福克萨斯

地问好和聊天。

共享热情

对于退休的戴夫 · 马丁（Dave Martin）来说，吸引他十年前从圣地亚哥老家来到Independence机场社区安家的因素便是这里居民之间密切的关系。马丁说，在Independence社区超过170户居民里，他认识大部分人。Independence社区的朋友对于马丁完成自己的飞机组装也给予了巨大的支持。这里的居民们乐于互相帮助，特别是遇到与飞机有关的事情。

私人机场社区拥有者格雷格 · 拉森（Greg Largen）说私人机场社区里的邻里关系和传统社区里不太一样，这里更像一个大家庭，不管认不认识，大家都能愉快

没有外人的大家庭

除了拥有便捷的生活，可以和志同道合的友人朝夕相处。住在机场社区的另外的好处就是能够有更多的机会驾驶飞机，在天空自由翱翔。对于飞行爱好者来说，住在机场社区能更灵活、更经济地使用飞机。

当机场就在几步路的距离内，像"没有时间""去机场路程太远"这样阻碍人们随时享受飞行的理由就都不复存在了。相反，人们可以有更多的机会享受驾驶飞机翱翔天空的乐趣。而在飞行爱好者的眼里，没有什么比住在一个有着志同道合朋友们且能满足飞行梦的社区里更棒的事了。

主创设计师是来自福克萨斯建筑设计事务所创始人马希米亚诺·福克萨斯

邻居自己设计并建造的双层房屋。考虑到保险费用，车库与住房一体，机库单立。房子背后是跑道

飞行部落

Flying tribe.

文 / 高颖

高颖（Laura），飞行爱好者，
居住于佛罗里达西海岸的一个飞行社区。

常有飞行圈的朋友读到介绍位于佛罗里达东海岸的云杉溪（Spruce Creek）飞行社区的文章，便热情的转发给我，问："这是你家吗？"每次，都只能十分抱歉地告诉对方："这个飞行社区在佛罗里达东海岸，而我们家是在佛罗里达西海岸。"

事实上，美国飞行社区非常多。有部分飞行社区会对外开放，比如为了获得更好的联邦法律对机场周围空域的保护，而跟FAA把机场注册成私人所有但对公众开放的公用机场；也有为了机场上其他商业发展考虑而进行的市场运作。但绝大多数飞行社区都保持了私人性质，对外宣传和交流比较少。所以，朋友们发生误解很正常。

飞行社区是什么

飞行社区（Fly-inwmmunity）的简单定义是[1]：带有共同跑道和机场设施使用权或/和使用权的[2]居民小区。国内很多朋友的家在别墅区，每个别墅配有自己的车库。飞行社区其实就是除了车库以外，每家还多个飞机机库的居民小区。

我们小区中间公用的沥青跑道，每过一段时间需要修葺

左侧100LL航汽箱，右侧风向标和刷卡机。20世纪70年代建设的老社区，经过这几天连绵佛罗里达暴雨又积水了

美国的飞行社区，大部分是由私人企业开发商进行设计和开发的，因此都是以私人飞行为主，没有商业航班出没，偶尔也会有军方的飞机演习时经过。飞行社区的标配，除了房子、车库和机库，最重要的是社区居民公用的跑道。飞行社区与其他美国机场一样，跑道铺设材料可能是草坪、沥青或者水泥。有些飞行社区还有些仪表进近程序、自助航空汽油服务、维修服务和FBO等。有朋友问过我，有没有直升机飞行社区，这类社区在美国似乎比较少见。

每家门口的路，是汽车进出的马路、早上骑自行车锻炼的自行车道、跑步的跑道，也是飞机的滑行道。当然，各家还开着高尔夫车串门。有时候，你会看到好几辆高尔夫车把路堵上了，那有可能是大家谈到一个都感兴趣的飞行话题。或者，八卦——古今中外，大概这点是共通的。

飞行小区是有自己的交通规则的：汽车避让高尔夫车，高尔夫车避让自行车，自行车避让行人，所有车辆和行人都必须避让飞机。跑道入口会有标志，禁止车辆通行，但高尔夫车、自行车和行人，允许在不影响飞机的情况下，走跑道边上的草地，而汽车则绝对不允许进入跑道或者周边的草坪。

住飞行社区一定要是富豪吗？

生活比较宽裕的中产阶级应该说是美国飞行社区居民的主力。大家都希望能够跟自己的飞机住一

块，和其他飞行爱好者做邻居。造成这个飞行平民化的状态，跟美国的历史有关系。

美国空域从开始就对民众全面开放，军方确实也建立和划分了出于保护民机以及军事需要的空域，但几乎所有的空域都向民众开放。这一点就造成整个产业的发展一直由市场机制在主导。除此以外，国会的立法以及FAA规章的作用和目的是航空的规范和安全，从生产制造、飞行训练、维修运营等各个方面进行管理，而不干涉自由市场机制。这个做法，为产业的健康自由的发展造就非常好的环境。当然，立法有时也会干预，目的是进行有效立法支持通航产业发展。当由于民事伤害诉讼(Personal Injury)造成航空制造商不堪赔偿之苦的时候，美国政府立法，将20座以下小飞机制造厂商、配件厂商对产品的责任限制在18年之内。[③]这个做法，既满足了安全需要，为厂家松了绑，也不过多干涉市场自由。

综合这些因素，加上美国人对自由天空的向往和挑战自我的愿望，二战以后大量退役军人进行飞行学习，他们和受到他们影响的后代，成就了美国航空的黄金时代。新机和二手机市场供应充足，培训费用也相对合理。很多二手的单引擎普通类飞机(normal category)，10万美元以内便能买到，便宜的两三万也有。考个私人飞行驾照一万足够，每年保险和维修几千到一两万美元，加上航汽费用也能够负担。此外，还有一种实验类（experimental）飞机。自制飞机，还有很多来自国外的退役军用飞机，都属于此类。实验类飞机允许机主自己做年检，叫作conditional，然

停在机库前，初教六属于实验类飞机，我先生Matt今年自己做了conditional，邻居帮忙检查签字

后由有FAA执照的机修工(A&P)检查签字。这个类别的飞机非常适合喜欢动手的发烧友。

飞行社区会改变你吗?

飞行社区一定会改变你，它会拥抱你，让你敢做自己，并成为更好的自己。

总有人会鼓励你，因为飞行社区的人相信梦想。他们曾经为梦想努力过，并实现了梦想，所以也会告诉你梦想是可以实现的。在你犹豫的时候，会有人告诉你应该相信自己；告诉你，你可以触摸到星星。2009年，29岁的我，因为Matt喜欢飞行出行，踌躇着要不要也学习飞行。跟一位邻居聊了一下这个想法后，对方问：你为什么要学飞呢？我说，因为想改变自己对飞行和高度的恐惧。邻居鼓励说，如果你真希望达到这个目标，那就去做，一定会实现的。学习过程中，每当遇到挫折，总有邻居安慰并告诉我他们学飞过程中经历过的挫折以及应对的办法；告诉我，即便我对自己没有信心，他们也对我有信心。在大家的鼓励下，逐渐的，我最初对高度的恐惧，变成对高度视角的享受。

他们会用自己的行动让你懂得，人与人之间最重要的，是彼此的关怀。大家有什么职业技能，都会无私地奉献出来。

在这里，我们是一大家子。小区有四十多户人家，家家户户都彼此熟悉，能够叫出名来，有些连生日都能记住。谁要出门度假，总会有邻居主动帮忙收邮件、收快递，去检查门窗是否关紧。有谁几天没看到了，大家就会关心，是不是生病了或者心情不好，陪着去医院或者去散心。有谁做手术了，家里孩子没人做饭接送上学，大家会轮流给他们家送饭、接送。有谁需要去机场坐商业航空，再早的航班，也会有邻居愿意帮忙送机场。小区里总有邻居开着高尔夫车，带着个捡垃圾的夹子和袋子巡视，把外来的工人扔下的垃圾捡起来。我给大家做生活中的法律咨询，偶尔帮忙写个合同或律师函，而Matt是靠着读本科时帮人攒机的经验，做我们社区所有老年人电脑问题的技术员，只要不出差、没有电话会议，随叫随到。我写这篇文章时，老公出差，一个人在家，晚上不想自己做饭，邻居就叫去他们家吃晚饭。

谁要缺个工具、少个零件，一开口常常能收到好几份。谁的飞机在哪个机场出了故障，飞机需要修理，就会有人开了自己的飞机去送零件和工具，还帮忙一起修。要是飞机需要留在那边，邻居就会帮忙把人先接回来，回头等飞机修好了再送过去。需要做

TIPS 小贴士

不怎么喜欢飞行或者飞机的也可以购买飞行社区的房产吗？当然可以。不过，最好考虑一下再做。住飞行社区，一定希望能够真正融入社区。我们社区一周有两次固定聚会，一次早餐一次晚餐，逢年过节各大球赛，大家都会聚会。聚会时除了正常寒暄，总是离不开飞机和飞行。而当一个人对飞行和飞机没有兴趣的话，这些话题真的会是很无聊的。也有好几个从前的邻居，因为自己或者配偶不喜欢飞行，住了几年就搬走了。很可惜。

如果很喜欢飞行和飞机，在选择飞行社区的时候，不妨先对自己的飞行需求和生活状态做一下分析，考虑各个因素再决定，譬如：

▶ 小区的建造年份

▶ 跑道和滑行道的质量

▶ 拥有飞机的性能和需要跑道长度

▶ 小区是否有FBO

▶ 小区有没有航汽

▶ 小区有没有仪表进近程序

▶ 要买的房子是否已经建好了飞机库

▶ 小区正在出售的房产数量

▶ 小区最近出售出的房产数量 ── 学区（如果有孩子）

▶ 小区是否有业主委员会　　　　　　医疗机构

▶ 跑道的所有权　　　　　　　　　　警力分布

▶ 公共区域由谁来进行维护　　　　　购物娱乐

▶ 房产契约里有哪些规定的权利和义务　是否靠近机场和大城市

▶ 建造房屋有没有具体的规定　　　　道路设施

▶ 小区里是否大部分业主拥有机库和飞机　气候

▶ 通常房产购买时需要注意的其他因素，比如 ── 销售税和房产税

▶ 其他对自己很重要的因素 ── 自住房豁免保护（homestead protection）

个每两年一次的飞行检查（BFI）或者需要做个型号改装，从前是大航空公司检查员、教员、飞行员的Robert大叔总是乐呵呵地帮忙。要是刚好遇到中午吃饭时间在哪个机场，飞行员是女性，他还倒贴饭钱，因为南方的绅士是不可以让女士付账的。

能够得到他人的帮助是幸福的。能够给予他人帮助，同时得到帮助的人感恩，并且传递给他人，更是幸福。在我们这个飞行社区里，幸福随处可见。这里的人们不仅仅是我的邻居、我的飞友和老师，更是我的部落族人和亲人。

①美国机场粗略可以分成军用和民用两种。军用机场，私人飞行需要得到特别许可才能降落。而民用的机场，私人和军机平等，遵守一样的规定，没有塔台的机场只需要自己进行无线电频率的报告，有塔台的机场则需要得到塔台的许可才能着陆。此外，机场还可以根据空域来分成B，C，D，E和G类机场，B-E类都属于空域控制机场，G类属于非空域控制机场。

②譬如有普通民众的飞机照样可以进入，但需要谨慎避开有大量进行飞行训练的军机的军事训练区域（Military Operation Area），在激活时间段内不允许进入特定高度区间的限制飞行区域（Restricted Area）和无论什么时间都禁止飞行区域（Prohibited Area）。更多美国空域信息可参考：https://www.faasafety.gov/files/gslac/courses/content/42/565/Airspace%20Special%20Use%20Airspace%20and%20TFRs%20-%20Text%20Only.pdf.

③1994年的《通用航空复兴法案》（General Aviation Revitalization Act）规定，如果产品使用达18年以上，如果是由于生产商的无意疏忽（negligence）而造成事故，厂商无需负担责任。

水上飞机机场

Seaplane airport.

文／东旭、Bright

　　到过加拿大温哥华的人都会对温哥华的水上飞机印象深刻。在著名的史丹利公园对面、风帆酒店旁边就是水上飞机的港湾，白天的时候起降特别频繁，构成一道独特的风景线。打开中国地图，也有很多地方各方面条件丝毫不逊色于加拿大的温哥华。

　　国内很多地方适合开发水上飞机旅行项目，而水上飞机作为通航产业的一部分，也有机会在低空开放后蓬勃发展，尤其在诸如长三角、珠三角等一些临海城市，水上飞机将会有更加广阔的天地，势必会产生巨大的产业价值。当然，这同时也对水上飞机运营场所提出了一定的要求。

　　第一架从水上起飞的飞机由法国著名的飞行家和飞机设计师瓦赞兄弟制造。这是一架箱形风筝式滑翔机，机身下装有浮筒。1905年6月6日，这架滑翔机由汽艇在塞纳河上拖引着飞上空中。如今，全球现役水上飞机总量超过了7200架，美国保有量占50%以上。而水上飞机在中国仍处于起步阶段，未来中国在该领域也应该加速度。

　　水上飞机是能在水面上起飞、降落和停泊的飞机，其中有些同时也能在陆上机场起降，称为水陆两栖飞机。水上飞机分为船身式（即按水面滑行要求设计的特殊形状的机身）和浮筒式（把陆上飞机的起落架换成浮筒）两种。

　　目前，水上飞机可以广泛适用于江河湖海，只要

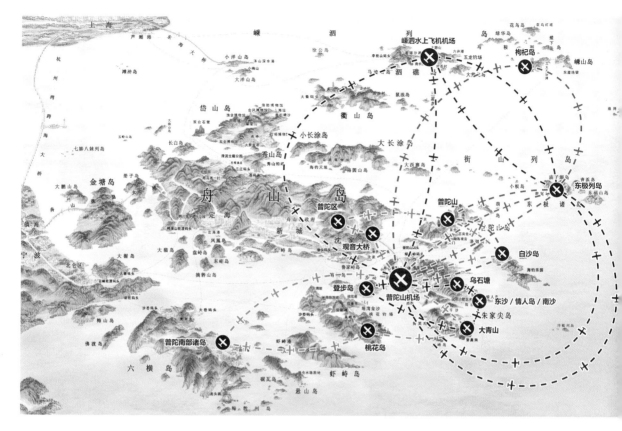

是有足够水域面积的地方，即可为运营方省去大量机场建设成本。天然湖泊的内陆水域就是飞机最好的起降平台。另外水陆两栖飞机的优越陆地性能，为飞机提供了与陆地机场对接的功能。在航程范围之内，水陆两栖飞机可将在地面机场降落的旅客直接运抵景区水面降落，并与接下来的其他旅游项目对接。

不过由于起步较晚，目前国内对水上飞机的建设、运营、监管还没有专门的法规标准。事实上，建立一个水上飞机的基地花费并不高，但其对当地的贡献是巨大的。有效的方法可能是需要先开通一个地方到另一地的定点航线，然后配以空中观光旅游，逐渐会有更多地方间的航线开通起来，形成一个网络。这个网络将会彻底改变人们出行的习惯，意义深远。

国内水上飞机还处在摸索的过程中，虽然企业热情高涨，但存在的瓶颈仍有待突破。业内人士指出，水上机场的建设标准问题需要从更高的层面推动落实，同时航线审批还有待于便捷化。

另外，地方政府的支持非常重要。目前一个水面起降台从正式立项到审批到最终建成周期很长。虽然水上飞机对于机场资源的需求相对比较弱，但运营企业倾向于自建综合性运营基地，毕竟飞机要上岸就需要停机坪、基础配套设施、办公区等，所以土地审批需要地方政府的支持；同时由于市场处于培育期，也需要地方政府通过专项资金来扶持。

$59.99

$1 $14.99

购 PURCHASE.

新西兰官方语言毛利语中,

有一个概念叫作 Manaakitanga,

译为"热情好客"。

的确,真诚热情的新西兰人把他们的待客之道,

也充分融入机场门户中,

不着痕迹却处处用心。

五分钟的机场SPA

Five minute airport spa.

文／刘秦羽 丁木斐 图片／各酒店提供 编辑／锦芳

■ 机场酒店的便捷性毋庸置疑，
对于经常乘坐飞机的人来说，
如果能在转机或停留的短短一天甚至几个小时中享受一次五星级的SPA，
无聊的候机就变成最惬意的时光了。

对于成天飞来飞去的商务人士，在机场等待的时间越来越令人难耐了。而且现在机场越修越大，转一次机就像参加一场竞走比赛，加上时差的困扰，停留在机场的时间常常让人觉得风尘仆仆、坐立不安。这时候，如果能在转机间隙、登记之前做一个舒适的SPA，那所有的疲惫、紧张都将烟消云散。相比之下，贵宾厅里的软沙发、小点心简直就弱爆了。

在机场做SPA，其实在很久以前已经是频繁乘坐飞机的商人、旅行者们热衷的一种休闲方式。没有什么比一个舒适的热水澡、适度的按摩、一段小憩更能缓解脚不沾地带来的种种不适了。与客人们的需求相应的是，世界各地的机场酒店也都为顾客提供了快捷便利、各具特色的SPA服务。

机场酒店的SPA整体上与一般酒店的SPA差不多，但它们通常更注重便捷性，力图帮助转机的客人在最短时间内放松身心。如国泰航空在香港国际机场的贵宾厅"寰宇堂"里面就设有SPA服务，下机旅客只需步行几分钟即可到达。机场SPA虽然力求便利，但它的布置、设施却常常较普通酒店更为豪华、有新意。之所以如此，是因为在机场做SPA的人一定是最懂得享受生活的人，既然要为他们服务，就别把事情搞砸了。

真正的机场SPA究竟是怎样的？下面请跟随我们的脚步一同去体验一下。

小贴士 TIPS

香港富豪机场酒店的 "OM SPA" 含金量到底有多高，恐怕还得自己去一趟才知道。一进门就闻到了清新的香薰，从石墙上流下的潺潺流水让整个空间显得很宁静，完全想不到外面就是喧嚣的机场。11间水疗按摩豪华客房，2间足底按摩房间，5间水疗按摩套房，还有5间设有露台的Cabana水疗按摩房，全部设备齐全，如果时间充裕，做完SPA还能睡上一觉。

机场也有露天 SPA

在嘈杂的机场闹中取静、享受露天SPA，听起来有点不可思议，可世间确有这种神奇的事情。与香港国际机场只有一条小马路之隔的香港富豪机场酒店里，有一座 "OM SPA"，在那里就能享受奢华的露天SPA服务。

在温暖的中国南方，不论在暖和的春季还是温润的冬天，室外气候都很宜人。"OM SPA" 别出心裁地将两座水疗套房延伸到室外，紧邻着机场，抬头就是湛蓝的天空。木头地板和竹枝围成的院墙，让机场的忙碌瞬间变成田园乡村的惬意。

对于行色匆匆的旅人，"OM SPA" 按摩师常会推荐经典的 "倒时差" 按摩组合，其中包括泰式草本浴、番石榴籽全身磨砂护理、足底反射疗法、瑞典式按摩四项服务，一共145分钟。不论倒时差还是转

机的间隙，忙里偷闲的SPA按摩都能令你神清气爽，僵直的身躯变得活力十足。如果时间有限，你也可以选更短时间的SPA护理，即使一个25分钟的中式足底按摩，也能令你身心舒展。

结束SPA，在豪华的套房里小憩一会儿，届时会有专人叫醒服务，不会有误机之忧。

拥堵的机场与泰式 SPA

匆匆忙忙的机场与节奏舒缓的泰式SPA似乎格格不入。仅看空间上就是如此，机场那类透光的大开大合风格与融合自然元素的泰式水疗室，两者全无共同之处。然而在北京，因为首都机场希尔顿酒店 "I SPA" 的存在，你可以瞬间从旅途喧嚣回归自然的幽静。

经常行走在首都机场的你，是否留意过 "I

小贴士 TIPS

用SPA缓解恐飞症

恐飞症是一种心理疾病。它的症状表现为旅行者对乘坐飞机感到恐惧。恐飞症的形成原因多种多样，然而连续飞行、因航班延误而无限期等待、面对倒时差的苦恼，这些无疑是恐飞症形成的重要因素。如果经常在转机、候机时做一个短暂的SPA，缓解身心压力，就能有效地预防恐飞症。

其实，每座大型机场附近的酒店都有SPA服务，如果你是成天飞来飞去的人，为了旅行生活更健康、舒适，就请关注它们。

SPA"，或者无数次与它擦肩而过？如有某一天你拖着僵硬的身体走进这座泰式水疗馆，映入眼帘的棕榈树、藤蔓、鲜花会瞬间令你烦躁的情绪放松下来。

进入水疗室，一切从泰式SPA的香薰开始。在尚未沐浴之前，天然植物芳香已经在舒缓你的情绪。烛火也是"I SPA"的特色之一，在昏暗柔和的烛光下，SPA和玫瑰精油按摩伴随着清幽的音乐进行，令旅客全然忘却外面就是接踵摩肩的机场。

不论登记之前或者刚刚降落，面对着首都机场这样的庞然大物、全世界最严重的班机延误，一次短暂的泰式按摩、香炉熏蒸，能帮你消化掉所有堵心事。

在机场做SPA美容

别以为成天奔波在机场的都是不修边幅的男士，女性也占了半边天。所以，温馨的机场SPA里，自然少不了美容的服务。对于希望美丽到牙齿的人来说，修甲、美足也可以在这里做，缓解手脚疲劳是很有必要的。人气最高的面部护理最适合"飞机一族"，尤其是那些马上要去见重要人物的人。男的面露倦容，女的花容失色，怎么都说不过去吧？所以，利用在机场的间隙补补水、去去角质、做做按摩，立刻会变得明艳照人。

不管你要去温哥华、惠斯勒还是维多利亚，都得从温哥华机场经过。费尔蒙温哥华机场酒店Absolute水疗中心的SPA美容服务，在众多北美机场中是最贴心的。当其他旅客因为降雪导致的班机延误而焦虑时，在Absolute的水疗套房中，做美容SPA的顾客能够一边远眺窗外雪山的美景，一边得到充分的休息。

这座水疗中心的SPA美容在养颜的同时，主要是为了放松旅客身心。在SPA美容中，技师会将矿物质、微量元素、芳香精油及护肤品溶于水中，通过皮肤吸收来改善肤质。这种服务能够通过注意力转换来缓解时差症和旅途焦虑。比起单纯的睡觉，这是一种更健康、有效的休息方式。对于被长途客机折磨得筋疲力尽的人，海藻泥和水果泥面膜不仅是面部清洁保养，同时也能有效地缓解疲劳。

新购新享 ／ 新西兰奥克兰国际机场游逛指南

New purchase and new enjoyment · New Zealand Auckland International Airport Tour Guide.

文／邓赟

奥克兰国际机场，是新西兰最大的国际出发与转机地。在这里每天都有接近三万人左右进港、离港，正是新西兰国内最为繁忙的机场。

新西兰官方语言毛利语中，有一个概念叫作Manaakitanga，译为"热情好客"。的确，真诚热情的新西兰人把他们的待客之道，也充分融入机场门户中，不着痕迹却处处用心。

进入安检前一家崭新的All Blacks专卖店绝对是最富有新西兰气质的店铺。新西兰国家橄榄球队"全黑队"数次在世界顶级比赛中力拔头筹。这家店铺出售的与"全黑队"相关的运动衫、橄榄球等主题衣饰经典而有象征意义。安检完毕出关后，你会发现清新如海浪般的休息空间（夜间出发的客人感受会更加明显），随后走入的空间就是免税商品购买区。除了大家熟知的国际知名化妆品牌、香水、葡萄酒、烈酒品牌，你还会看到许多产自新西兰的葡萄酒、康维他品牌麦卢卡蜂蜜、保健品、护肤品以及新西兰创意的纪

念品手信。这一区域会是你选购新西兰伴手礼的最为集中紧凑的一站式采买地。值得一提的是，国内银联卡可以在这里使用，许多柜台也支持支付宝付款，着实方便不少。

　　继续往前，穿过科颜氏化妆品专卖店与Hugo Boss、Maxmare、Michael Kors等国际品牌专卖店，空间迅速敞亮开来。这一区域是崭新开放的公共休憩区域+精品购物+美食集聚地。绿色与蓝色的自然色调与光调给整体空间带来受到森林荫蔽的新西兰大自然的天然之感，左手边的下沉式空间可供大人孩童在这里休息，你甚至可以任性地"躺一躺"；右手边的流线型区域则是数家精品店，Icebreaker是新西兰本土最国际化的羊毛羊绒制品品牌，选用美丽诺羊毛保证了它的顶级品质，从内衣到外衫不同款式功能的衣裤既舒适保暖又不失时尚设计感。旁边的Mountain

Jade是源自1986年的本土品牌，出售新西兰人格外珍视引以为傲的绿玉制品，从首饰到日用品，都可以找到从绿玉中汲取的灵感。要知道，对于最早生活在新西兰的毛利人而言，佩戴绿玉守护着他们的精神世界，国人熟知的新西兰南岛的毛利语"Wai Pounamu"意为绿玉之水——毛利人当年到南岛，任务之一即开采绿玉。如今这一传统依旧延续下来，许多店里出售的配饰都会雕刻出毛利人珍视的图案，不妨询问店员选择购买你期望中的特别图案。相连接的Merino Collection 与安检前的店铺同属一家，这里出售各式美丽诺羊毛制品，当然还有UGG的短靴、围巾、手套都值得入手；店面清新的Cape to Bluff与它旁边的Kiwi Discovery 绝对会是你淘新西兰宝的最好选择。店里有黑金鲍、烟熏三文鱼、绿唇贻贝、奶酪、巧克力、蜂蜜以及乳制品皆可买了做手信，另外新西兰特别的木刻器物，打磨上漆后的黑金鲍壳都可以带回家做特别摆设；另一家 Travelpharm 是新西兰境内连锁的店铺（在基督城机场、皇后镇机场以及皇后镇主街都有店铺），主售保健品、护肤品、蜂蜜蜂胶、蜂毒面膜以及其他与旅行相关的小件，购买邮寄回国即可免去15%的消费税，省去随身携带之劳。当然这里最为便捷的是支持微信与支付宝，自然备受国内客人青睐。

短暂购物完毕，可以去另一侧的 Himaya 小坐。这里的亚洲风味美食格外受到日益增长的亚洲旅客欢迎，买一盒寿司或是点一份热汤面犒赏一下劳顿的肠胃；Pop-up Café&Bar 以及转角处的 Flight Bar 则是气氛轻松的咖啡馆酒吧，买一份三明治或是喝一杯也无妨。在新西兰的大部分地方，咖啡拥有绝佳品质，任何一家咖啡馆出售的拿铁、馥芮白、卡布奇诺或黑咖啡都有着醇香口感，大可以放心享用。

如果想要舒服地坐下来，利用充裕的时间吃一份沙拉，点一份甜品或是和家人朋友享受一段正式的小酌时光。走上出发大厅二楼，在离登机口更靠近的区域你会发现一家面积宽敞的 Urban Market Café，一家汉堡王快餐厅与一家名为1958的小餐馆兼酒馆。Market Café 提供全天候的健康美味，新鲜水果、莓果果昔、橙汁、瓶装果汁、三明治，当日出炉的司

康饼、玛芬、牛角包、奶酪蛋糕、柠檬蛋糕等各式点心都不错。咖啡豆选择的是新西兰本地优质品牌 Atomoic，深度烘焙使得这家咖啡尤为出众，堂食或是外带皆宜。想喝一杯，径直走到1985 Bar&Eatery，点一杯新西兰出品的 Larger 啤酒，一大早候机的时光喝起来也毫无违和感。新西兰人深爱他们的啤酒与葡萄酒，做足了随时随地喝一杯的准备。

这一区域左手边，你的购物节奏还可以继续。G-FACTORY 店铺可以挑选国际大牌的手表；Around NZ 精品店为你甄选的新西兰特产省心省力，许多新西兰设计款的T恤作为伴手礼轻巧有面儿。往前的 RELAY 也是新西兰机场连锁的综合店铺，出售书刊、零食、饮品、充电器等旅行必备物品。The Loop 免税店在这一区域的店铺推荐采买香槟与新西兰葡萄酒。眼前一亮的是，在1-3号登机口附近，有一家面积不小的 Victoria Secret 维秘店，吸引女生驻足停留，要知道这可是新西兰唯一一间；对面的阿迪达斯专卖区域里，还可以挑选一两件尺寸合意的"全黑队"球衣——ALL BLACKS 的标志本身就是最好的宣传热点。

明亮的崭新面目，便捷舒适的一站式服务，精心布置的航班信息，自然惬意的空间，奥克兰国际机场邀请你，全新出发。

澳世有礼／墨尔本国际机场购物指南

Australian World Gifts · Melbourne International Airport Shopping Guide.

文／邓赟

墨尔本，南半球当之无愧的美味天堂，宜居之都。

这座城市的人对生活抱有严谨而认真的态度。从每一杯咖啡恰好的温度、每间食肆超高的上座率以及餐厅酒吧精品店的密集程度可知一二。在这座人口构成最为多元的移民文化之都，热情真诚的本地人自然也把他们对待生活的态度投射在城市的窗口"国际机场"，也因此赋予墨尔本国际机场精致好逛的认知度。既接足地气又与国际接轨，既天然质朴又不失现代摩登。

墨尔本T2国际航站楼作为唯一的国际出发港，全新设计的四个区域辨识度很高。它们分别是："Duty Free"免税商品，"Tax Free Luxury"国际品牌免税专卖店，"Laneway"里巷区域的纪念品商店，以及最后靠近登机口的"Hospitality"即吃喝游逛综合场所。清晰的布局一目了然，即使是第一次造访的国际游客也很容易找到自己所需的购物场所。

过完安检红色Logo的Duty Free空间引人入胜。这一区域是众人熟知的免税商品采购区，国际品牌的香水香氛、化妆品、烟酒、保健品、太阳镜及电子科技产品、首饰珠宝都集中在这一区域。虽然墨尔本市内也有Myer、David Jones这类的商场，但许多客人逛街的时间有限。机场区域的免税店已经帮大家甄选好了最新最适合的品牌，而且还免去退税之扰。无论是Dior双色口红的最全色号以及最新款的Roller Pearl香水，最具澳洲特色的茱莉蔻Jurlique护手霜与护肤品，那只著名的网红高跟鞋香水Carolina Herrera，以及取材于澳洲本土的奢华珍珠首饰Kailis，品种齐备一应俱全。特别贴心的是，烟酒区域有一大片专门辟开的空间出售奔富限量款葡萄酒以及那一款为中国客人特别打造的与中国白酒混酿的加强型葡萄酒Lot518。当然最好带走一瓶包装完美有面儿的单式蒸馏单一白兰地Lot 1990，将澳洲风味收入囊中。

在Duty Free右边区域，墨尔本机场格外用心地设置了一间"墨尔本纪念品"商店，琳琅满目地布置了与城市有关的设计T恤、文具、EMU品牌的雪地靴与羊绒制品，还有备受国内客人青睐的羊驼被与羊驼毛毯，买完即可退税邮寄回家，轻松便利。再往前的区域也少不了客人驻足：澳洲本土的保健品已经分门别类排好位置，只等你来提取购物清单上的心愿。

逛完免税区，空间瞬间变得敞亮起来。涉及服装、皮具、箱包、首饰、手表等的11家国际奢侈品品牌专卖店集聚这一区域，为国际客人展示出墨尔本与国际潮流接轨的时尚气质。多留出些时间来游走你心仪的品牌店，或许可以找到一套Hugo Boss精致剪裁的商务礼服，顺带买走合适的手机与电脑皮制保护外壳；或在英伦风情满溢的Burberry买到一件经典Trench风衣与外套；Emporio Armani具有设计感的皮包与简洁实用的男士背包，一款驼色Maxmare大衣外加一双Bally的乐福鞋都可以成为宠爱自己的好礼或是带给家人朋友的上乘之选。此外，美国珠宝品牌Tiffany & Co.、意大利奢侈品牌Salvatore Ferregamo、

意大利皮具生产商Furla、美国轻奢品牌Michael Kors以及美国高端箱具品牌Tumi——这些品牌是否可以延伸你的购物心意呢？要知道，澳洲本地人对奢侈品牌并不那么热衷，各大品牌店兴许可以淘到在国内买不到的经典款。如果还不满意，成立于1924年的澳洲最大的奢侈品钟表专营店Watches of Switzerland或许能够满足你的期许。一站式选购到卡地亚、万国、宇航、伯爵、劳力士、帝陀等瑞士经典一线品牌手表，钟情腕表的客人能在其中节省不少时间与心思。

来到澳洲旅游，当然免不了要带些最萌最天然的澳洲特产回家。T2航站楼Laneway区域的另外一间Melbourne Store与登机口附近的澳洲纪念品零售商店Out of Australian几乎为你提供了所有你可以想象得到的澳洲本土产品。包括必购的Eaoron水光针面膜、麦卢卡蜂蜜、绵羊油、Noelle香氛蜡烛与天然护肤品、美可卓Maxigenes的成人奶粉、吃到停不下来的澳洲零食以及各种澳洲制造的萌袋鼠与考拉纪念品系列。想要采购澳洲伴手礼的客人在这里一定会收获颇丰。Out of Australian商店对面还有一片特别的KIDS Zone区域，UGG儿童款的雪地靴以及甄选的新款玩具都能在这里找到。墨尔本机场的人性化关照果然渗透于每一处细节。

采购暂时告一段落，去到澳洲著名的咖啡店Brunetti喝一杯卡布奇诺配覆盆子马卡龙，或是在澳洲名厨Shannon Bennett开设的Café Vue喝一杯由专业咖啡师特调的澳白咖啡，墨尔本的美味从不让人失望。想要微醺着上飞机，在富有西班牙加泰罗尼亚风情的Bar Pulpo吃一份辣味香肠，喝一杯滋味醇厚的西班牙或许维多利亚州的红葡萄酒，或许已经开始计划下一次墨尔本的新旅行。

FREYWILLE 纪念梵高系列

文森特·梵高(1853-1890)一直以来都是FREYWILLE艺术家们的设计灵感来源。经过多年对梵高艺术创作背景的不断探索和反复推敲，FREYWILLE最终推出全新"纪念梵高"系列。

杏花

梵高代表作《杏花盛开》以令人印象深刻的画风为FREYWILLE的艺术灵感寻找最好的诠释。深浅不一的蓝天，茂盛的枝桠盛开着白色杏花。梵高采用大面积宁静的蓝色去衬托花瓣的洁白。坚硬的笔触描绘树枝的线条，顶上的花瓣好像顶着光芒般舞动开放，生机勃勃，让观者为之动容，感叹生命的纯洁与美好，传递对未来充满希望的承诺。

"纪念梵高"系列全新设计"杏花"采用两种不同颜色：亮红色和蓝绿色。杏花描绘了春天即将怒放的瑰丽场景；蓝绿色设计闪烁柔和渐变的背景，散发充满新鲜的现代气息。

当颜色变成亮红色背景时，又浮现另一幅温暖且炽热的画面。两种不同颜色的设计，给人充满无限意境的想象。

两种不同的风格在24K金粉混合珍贵珐琅釉的烧制下完美中和了艳丽杏花和金色枝桠的强烈对比。

永恒

Starry Night《星空》是梵高卧室窗户中唯一的景色。这幅画的心情和夜间元素创造出梦幻般的构图，唤起强烈的情感。天空上的漩涡是令人最难忘的元素，飞卷的星云动荡灿烂，为沉郁阴霾的夜空绽放异彩，彰显光暗激荡的对比。《星空》被视为梵高最优秀的作品之一，自1941年起被纽约现代艺术博物馆收藏。

FREYWILLE的艺术团队以匠心手制的高温火烧珐琅诠释了画家笔下汹涌闪烁的星空。设计的主要焦点是漩涡般的夜空：无数深浅不一的蓝色与24KT的金线交织成飞卷的星云，珐琅上清晰仔细的曲线见证了FREYWILLE艺术团队一丝不苟的精神，细心打造勾勒出图案的线条。

"我相信艺术存在于我们每天的生活中，而生活的最高质量就是学会用艺术的角度去品味。" ——Friedrich Wille, CEO

60多年来，FREYWILLE凭借独树一帜的珐琅制作工艺享誉全球，同时也是设计及制造质量最高标准的保证。

艺术性是FREYWILLE珠宝的关键所在。每一件精致的珐琅艺术饰品的打造都要经过对全新理念的研究、无限灵感的激发、艺术历史的钻研以及无数次设计及色彩搭配的尝试。无论是纪念艺术大师们的主题，还是全新的设计灵感，FREYWILLE的艺术团队都会透彻研究，精斟细酌每一处细节。每个系列的设计从灵感的诞生至最终的完美成型至少要经历两年不断的艺术推敲。

FREYWILLE发展出一套独有的珐琅制造工艺，涉及100多道精密工序，一层层反复上釉反复烧制，能使珐琅在制作过程中保持纯净鲜明的色调。

巧夺天工的制作工艺搭配独家研制的色彩，使FREYWILLE珐琅彩释放炫彩华丽的缤纷色彩。

FREYWILLE品牌总部和生产基地仍设在维也纳的原址，那里生产限量的艺术珠宝，同时那里也是设计及制造质量最高标准的保证。

目前FREYWILLE在全球范围共经营近80家精品店，全部位处顶级购物区。

多伦多机场免税店

Toronto Airport Duty Free Shop. 文／赵贝

多伦多，加拿大安大略省的省会城市，也是目前加拿大国家人口最多的城市。人流量大，自然而然地带动了城市的经济、商业以及旅游发展。多伦多皮尔逊机场是世界上最著名的国际机场之一，也是加拿大的主要机场，更是世界的航空交通枢纽；有人将其称为加拿大最为"繁忙"的机场。

皮尔逊机场约在1939年开始启用，最先以木尔顿机场命名，1960年改为多伦多机场，1984年改为皮尔逊国际机场，主要用义是纪念加拿大的第十四任总理。多伦多机场主要有两个客运大楼，机场免税店分布于这两个不同的航站楼中。搭乘飞机前，在皮尔逊机场免税店逛逛，一定可以买到合适的礼物带回家。

T1是以加拿大航空为主的星空联盟航司，免税店是通往登机口的必经之路。拥有各类国际美妆品牌、酒类、特产品，香水、服饰、烟草等，也有世界知名的大部分奢侈品牌：Salvatore Ferragamo、Gucci、Prada、Roots、Guess、Hugo Boss、Burberry、Hermès、Givenchy、Coach等。此外还有Michael Kors等的时尚精品店。酒水店里，售卖的名酒有

Glenfiddich、Macallan 和 Chivas。还有人头马 (Rémy Martin) 以及卡慕 (Camus) 出产的白兰地。

几乎所有北美外的航空公司都安排在 T3 航站楼——东方航空，南方航空，海南航空，国泰航空等直飞中国的航线在这个航站楼。最新扩建的免税店装修精美，穿行式免税店与众多品牌专卖店相互呼应，为旅客带来惬意的购物环境。

在多伦多机场购买奢侈品牌的商品，价格还是很划算的。因为没有进口税，价格会比国内低很多。在这里购物可以使用银联卡，近年还开通了支付宝。店铺里有中文导购，让你的购物更方便。

多伦多机场每年约接待 2300 万旅客，如此巨大的人流量，自然也让机场免税店火了起来，越来越多的中国游客也更愿意将自己的购物行程安排在多伦多机场。机场里约有 43 家免税店，其中以各种时尚单品居多。此外也有不少美食餐饮店。候机口的餐厅，可以一边候机，一边在 iPad 上自助点餐、刷卡、等饭，一气呵成。

除此之外，在多伦多机场还可以购买一些户外用品、保健产品等。加拿大的冰酒也是不可错过的特色物品。如果运气好，还可能碰到一些知名品牌的周年庆或者是促销打折，价格会更低些。如果碰见一些国内比较少见的品牌，最好进去逛一逛。正常情况下，多伦多机场免税店的商品价格有可能比国内低很多。

施华洛世奇水晶饰品和茅台酒也可以考虑购买。

推荐施华洛世奇水晶饰品的原因是价格便宜，比在市内购买便宜。推荐茅台酒的原因除了价格便宜外，更重要的是质量有保证。需要提醒大家的是，买酒的话有些限制。红酒 1.5 升，或烈酒 1.14 升。红酒加烈酒共计 1.14 升或 24 毫升 x 355 毫升的灌装或瓶装 (最多 8.5 升) 啤酒。烟草：200 支香烟、雪茄或小雪茄 50 根，已加工的烟草 200 克或 200 根。这些最好提前咨询一下导购人员。

如果没到登机时间，还可以去 1 号航站楼 2 层和 3 号航站楼的离港层享受一下擦鞋服务，或者到一号航站楼 2 层修指甲。1 号航站楼 124 号国内航班登机口和 3 号航站楼 C34 号国际航班登机口有儿童活动区，适合带孩子的家长消磨时光。皮尔逊机场全部覆盖免费网络服务，可以在网络列表中搜索 "Toronto Pearson Wi-Fi" 连接。现在很多机场的免费 wifi 看着连接上了，但网速都不敢恭维，似乎成了摆设。而多伦多皮尔逊机场的免费 Wifi，网速是相当令人满意的。可以找个座位休息一下上网冲冲浪；也可以一边逛，一边将店铺商品的价格和国内一些海淘 app 价格进行对比，做一个精明的消费者。

另外，所有的免税店都是在首架航班启程两个小时前开始营业，最后一趟航班出发半个小时后关门。如果你需要在不同的航站楼购物，那不用东奔西走，搭乘 Link Train 就可以了，一天 24 小时提供从 1 号航站楼和 3 号航站楼之间的摆渡服务，全年无休。

温哥华机场寰宇免税店

Vancouver Airport World Duty Free Shop.　　文 / 赵贝

2018年是中加旅游年，越来越多的国人持有加拿大10年往返签证，去加拿大更方便了。加拿大西部的政治、文化、旅游和交通中心温哥华（Vancouver），位于加拿大不列颠哥伦比亚省西南部太平洋沿岸，是加拿大的主要港口城市和重要经济中心。温哥华国际机场（Vancouver International Airport）是加拿大面积第二大、也是第二繁忙的国际机场。

温哥华国际机场设有三个航站楼，是北美地区最好的机场之一，分为三部分：国内航站楼（1968年完工）、国际航站楼（包括美国境外入境审查设施）、南航站楼。国内航站楼和国际航站楼基本上是一座相连而被分成两截的大型建筑物，但南航站楼则是一座独立建筑，位于机场较偏远的位置。

温哥华机场算是中国人在北美出行最方便的机场了，也是第一个引进支付宝服务的机场。只用手机轻轻扫码就能完成商品的购买。还可以网上预购，店内领取，网址是www.vancouver-Duty Free.ca; www.toronto-dutyfree.ca。如果你在机场停留的时间太短或者懒得逛，用网上订购的方式简直太轻松不过了。

温哥华机场穿行式免税店WDF（World Duty Free）近1300平方米，位于机场候机大厅的中心。

365天24小时营业，不仅可以用人民币、银联卡、支付宝支付，还有会说中文的店员和中文商品标签。贴心指数称得上五颗星！而且商品种类繁多，包括化妆品、酒、香烟和雪茄、糕点糖果、各类纪念品等等。

最值得一提的是这里有独家供应的免税品：威士忌、枫糖浆、熏鲑鱼、加拿大冰酒。店中店的名酒廊，是北美唯一拥有Macallan Fine and Rare Collection美酒收藏系列的免税店，店内还有调酒师与客人互动。从让人高山仰止的世界最珍稀收藏级威士忌、干邑，到标准伴手礼的本地葡萄酒、冰酒，任由你选。Macallan（麦卡伦）的特别年份系列1948、Linkwood威士忌私人珍藏系列1953等这些稀有威士忌都能在这里找到。另外，恒温恒湿的雪茄室则是选购上等古巴手工雪茄的好去处。

提醒大家，要转机的乘客一定要提前查询所乘航空公司允许携带的酒精饮料限额是多少。另外，买酒或者化妆品还需要注意的是：免税店购买的所有液体商品必须放入特殊的安全防揭透明袋里，而且必须是起飞前36小时之内购买的才行，否则就会被没收；超过100ml以上的任何液体也需要放到透明袋内。

机场 |U-Jet 私人飞机 173

喜欢奢侈品的朋友在这里一定可以找到福利。温哥华机场寰宇免税拥有8家顶级奢侈品专卖店，品牌包括Hermes, Bottega Veneta, Bulgari, Gucci, Cartier, Salvatore Ferragamo, Omega, Burberry；精品店品牌有：Tory Burch, MCM, Longchamp, Bally, Dunhill, Mont Blanc, Ermenegildo Zegna。

这里的Hermes是在北美唯一的机场免税专卖店，皮具、丝巾、领带、男女时装、香水、腕表、鞋类、配饰、家居生活系列及珠宝首饰等一应俱全，免税价格优势令人无法拒绝；Bottega Veneta专卖店还会推出每季流行色彩，RUNWAY新款和免税限量款；Gucci温哥华寰宇专卖店作为北美唯一免税专卖店，拥有当季最新款皮包和各类饰品；作为北美唯一一间Cartier免税专卖店，不仅呈现最新上市的卡地亚经典腕表作品，还定期推出集功能、工艺和文化为一身的免税限量珍藏系列；Omega专卖店则会定期推出周年纪念款和免税限量款。

另外，时尚品牌不可或缺的Longines, Rado, Pandora, Swarovski, Folli Follie以及各种名牌太阳镜，从Fendi, Prada到Rayban, Maui Jim, 真是令人目不暇接。世界各种顶级化妆品牌Chanel, La Mer, La Prairie, Dior, Estee Lauder, MAC, Lancome, Cle De Peau, Sisley, Clarins, YSL, Giorgio Armani, Shiseido, 不胜枚举。Tom Ford, Le Labo, Atelia, Hermes, Bvlgari, Benefit, Diptyque……特色美妆专柜让爱美的人士在这里可以尽情挑选。

Thinking Canada纪念品店里有很多加拿大特色的纪念品，这些蕴含原住民艺术文化的小东西，不论买回去摆在自家书桌上，还是赠送给亲朋好友，都是不错的选择。

温哥华机场寰宇免税奢侈品店有着闲适惬意、典雅怡人的购物环境，现代与复古的元素交相辉映，让您在旅途中可以享受到如在欧洲般的购物乐趣。而商品价格则低于中国同类商品价格的25%至40%。

如果你的行程时间太紧，别担心，相信在温哥华机场一样可以轻松扫货，心满意足并且满载而归，将一份特殊的心意带给家人和朋友。

跨国飞行日志／周末加拿大之旅

American Flight Log · Weekend Canada Tour.

文／锦芳

私人飞行执照的训练要求中有一项必修内容："Cross-Country flight."字面直译是"长途飞行"，由于"Country"亦有"国家"之义，也可以直译成"跨国飞行"。

学飞之初，我就一直向往着完成一次真正的自驾"跨国飞行"。

想想看，不是以游客的身份，而是作为机长，自己驾驶飞机穿越国境，办理入境清关手续的时候，会是多么有趣而骄傲的一件事？

位于纽约以北直线距离不过五六千公里的加拿大城市多伦多，被我锁定为短途跨境往返的理想目的地。

出发前繁琐的准备流程和报关手续姑且不细说。跨国飞行所必须的两个文件——机长持有的"Radio Operator Permit"（无线电操作许可）与航空器持有的"Decal for the Aircraft"（航空器通关贴纸）需要历经数周方能取得，需提前申请。其他文件，则在定下飞行日期之后再准备也不迟。

被天气与工作几番拖延，直到2015年春，我才得以成行。

与我同行的，是来自纽约华人飞行协会的飞行员朋友Jason与Tak。业余飞行员常常彼此相约飞行，既节省飞行成本，更能交流飞行心得与情感。这次也不例外。去机场的路上，我在智能手机搭载的专业飞行APP上例行检查过天气，电话报备飞行计划；Jason与Tak检查天气信息，与我讨论着飞行路线与安排。我们一早出发，先飞到了美加边境的水牛城国际机场，在机场附近一家希拉里光顾过的有名的三明治店吃了简餐，给飞机加满油，向加方海关报告修正后的ETA（预计到达时间），再次起飞——

沿着尼亚加拉大瀑布的下游河道，我们蜿蜒北上。

安大略湖在3点钟方向徐徐铺开。

从千米高空遥望过去，碧蓝广阔的湖面是如此静谧美丽，烟波浩渺。二十余海里开外的湖对岸，隐隐可见多伦多高楼森立的建筑群，在浩渺水汽的掩映下犹如海外仙山般缥缈美丽，不可捉摸。

驾驶单引擎小飞机横跨辽阔水面固然听来浪漫动人，美不胜收，然而在需要紧急迫降的时候，美丽的湖水则会成为冰冷危险的所在。那时候，没有一位飞行员会希望自己"溯游从之，在水中央"。因此，从安全保守与观赏风景角度出发，我们并没有直接横渡安大略湖，而是稍微绕了远路，沿着安大略湖的西湖岸线迂回北上。毕竟，每一位重视安全的飞行员在每次飞行计划时都会设想突发最坏状况，以及相应的处理方式。

跨越美加边境线的一刻，我屏住了呼吸，精神紧张地注意无线电，是否有新指令，需要我向新领空报备身份，申明来意。第一次跨越国境飞行的我，脑中甚至想起多年前，韩国民航因导航信息错误而进入俄国领空，被地面判定为防空威胁直接击落的惨剧。

在我跨过以尼亚加拉大瀑布为坐标南北走向的这条抽象界线后很久，美方地面空管却悠悠然毫无将我们移交到加方的意思。我正在犹豫是否要主动申请的时候，尼亚加拉地面控制中心终于发话让我们切换到加方的空管频率。

加拿大的官方语言为英语和法语，多伦多附近虽属于英语区，无线电频道里却传来其他飞行员与地面空管的法语对话。法语水准仅够点菜的我耐心等待他们说完，才用英文发出了请求。略带法语口音的空管快速应答了我，授权我们按照原定路线继续沿着安大略湖西岸北上。

这是一个阳光明媚、水波不兴的慵懒下午，一架孤鸥般的小飞机在湖天一色的碧蓝透彻之间悠然自在地徜徉前行。渐渐地，原本缥缈不可及的"仙山岛屿"随着距离的接近而逐渐展现出明朗的轮廓来了。

我的目的地是比利主教多伦多城市机场（Billy Bishop Toronto City Airport）。

机场位于一块离多伦多市约5分钟船程的离岛飞地，是在"二战"时期为训练军队飞行员填海而成的。和平年间，这块机场转由加拿大本土的加航与一些支线航空公司使用。同时，这个偏安一隅的离岛机场也是距离多伦多市最近的通用航空指定清关机场。自驾前往多伦多的通航小飞机都降落在此处，办理入关手续。

我凝神细看机场布局，确认了无线电中所指示使用的跑道，拨转机头，迎着风来的方向朝跑道入口飞去。多伦多国家电视塔在我左翼掠过，白色水鸟在蓝宝石般的湖面上盘旋追逐。风速中等，阵风稍高，不过并不碍事，我见过太多比这恶劣得多的天气。

在和煦的午后湖风拥抱中，我轻柔地降落在这片美丽的湖中小岛。

刚滑出跑道，还来不及欣赏新城市的风景，一眼看到停机坪方向站立着的两位海关官员。他们身着制服，腰间鼓鼓囊囊配着武器。

与乘坐商业航空跨国飞行的普通游客不同，我们这些自驾通航飞机入关的旅客不需前往海关排队入境，而是由海关人员提前在停机坪上迎接我们的到来。当然，飞机信息、机上人员以及预计到达时间都是提前向入境国海关报备过的。此处只是例行检查必需的文件罢了。

饶是如此，头一次自驾飞机离境飞行的我，马上要应付手握生杀大权的海关，还是不免有些紧张。出发之前，不知道按照AOPA以及致电加方海关所获取的清单对照了多少遍文件，生怕有什么闪失。这一刻终于来到了。我将机头对正，停好飞机，在获取海关官员许可之前，我们不能离开飞行器。所以我只是打开舷窗，拿出把准备多时的护照朝走向我们的海关官员递去。

两位加拿大海关官员皆为白人，一男一女，公事公办的威严表情下是亲切和善的神态。看来并非难缠的刺儿头。我松了口气，根据指示开门出了飞机，男官员的一句话让我的心又提了起来。

他凝视着我的护照，又看看与我同行的两位男飞行员朋友的护照，再看看我们，有些疑惑地发问，"为什么有两本女士的护照？"

我们三个人面面相觑，完全没明白这是什么状况。队里平素以细心严谨著称的Tak首先走过去，接过护照扫了眼，继而大叫一声："I made a big Boo-Boo!"（我可犯了个大错误啊！）

只见他挥舞着那本护照，哭笑不得地朝着我们说："我把我太太的护照给带上了，我的护照在纽约家里。"

没遇到过这种状况，我和Jason也不免有些紧张。"那你还有别的什么身份证件？"

"驾照和飞行执照倒是还在身上。"

"驾照有你的照片，飞行执照上有国籍信息，而你作为美国公民，入境加拿大并不需要签证。"Jason处变不惊地推理道，"你跟他们说说，看这两个证件加在一起是不是可以当护照用？"

在查阅过证件排除我们说谎偷渡嫌疑之后（真要偷渡也不会大张旗鼓自己开飞机进来吧），海关官员并没有如我们想象中那样不愿变通。尽管实在有些忍俊不禁，但毕竟事关法律规章，还是板起公事公办的严肃面孔，然而温和地向我们建议道："我个人没有权限允许你们入境，不过可以让我上级先过目一下，希望没有问题。"

步行前往海关办公室的路上，两位加方海关官员都很轻松地与我们说笑，打听我们一路飞来的旅程。察言观色，我与J先生都觉得过关应当问题不大。但毕竟火是落在Tak的脚背上，他一路心事重重，全无心思说笑。踏进海关办公室的瞬间，他忽然感叹了一句："我要被抓去关了。"

"怎么可能！实在通不过，大不了我们陪你立马原路飞回去。"我与Jason齐声安慰他。

加方海关效率确实高。在电脑系统上进行一番操作，又与上级交谈了一阵，不到10分钟，男海关官员就步向Tak："好好享受你在多伦多的旅行吧。你已经被批准入关了。"

　　Tak如蒙大赦，几乎不相信自己的耳朵，连连道谢。拿好证件，我们赶紧回FBO安排了停机过夜与加油手续。只见原本与我们告别的海关官员又专程赶过来，递给我们一个清关记录码。原来他担心我们回美国入关的时候Tak可能因为没有护照而遭遇麻烦，特意把加方海关的信息留个备份给我们。我们简直被他的好意与细心感动得说不出话来。原本平淡顺利的入关程序，因为多了这么一段小插曲，从而变得跌宕起伏，难以忘怀。

　　离开机场，我们在市中心与前来迎接我们的当地朋友汇合，驱车前往期待已久的丰盛晚宴。

　　多伦多居住着大量华人，漫长的海岸线保证了优良的海鲜供应，我在这里吃到了来美数年以来水准最高的一顿中餐。

　　翌日清晨，我们匆匆告别了这座美丽友善的城市，踏上回家的路途。多伦多的"北美明珠"电视塔再次自我右翼掠过。沿安大略湖西岸南下，进入由尼

亚加拉河划分的美加国境线，北美洲最为壮丽宏伟的奇景之一——尼亚加拉大瀑布就在我们的不远方隆隆冲击起澎湃的水雾，亘古如此，不舍昼夜。

　　不过一小时的飞行，那座我们匆匆拜访的加国城市已被我们远远抛下，隐在天边一抹蔚蓝的水线之外。周末两日的跨国飞行，到此落下帷幕。

　　降落在新泽西，停好飞机，夕阳开始降落，为曼哈顿的高楼群抹上一层璀璨的金红余晖。时值仲春，街边一片的樱桃花满地盛开着，在暮色中显现出接近透明的薄粉色，如梦如幻。

　　我如愿以偿，完成了第一次跨国飞行。在自己的飞行经验记录上，为了更多更大的冒险准备添加了一块新拼图。

　　夏天就要到了，一年之中最好的飞行季节即将到来。

巴哈马跳岛飞行之旅

Bahamas Island Jumping Tour.

文／锦芳

归根结底，人类还是生活在一颗蓝色的水之星球上。

飞越巴哈马群岛的时候，我由衷地这么想。

地球表面70%为海洋水体所覆盖，露出水面的陆地不过区区30%。哪怕相对这不足30%的地表，人类以及人类文明并非如我们儿时想象的那样均匀铺开，而是沿着气候与环境宜居之处界——如同圣埃克苏佩里所总结的那样。人类所赖以生存的星球，大部分由山、沙、盐碱地和海洋组成，生命如同瓦砾堆上的青苔，稀稀落落地在其间的夹缝中滋长。

有幸作为人类文明的一分子，又有幸拥有飞行的特权，我驾驶着飞机，飞越过世间不同的角落，心中也隐隐期待着，能够前往见识更多的角落，人类文明存在的角落，人类文明所不能覆盖的角落。

在前往巴哈马之前，经过纽约周边繁忙空域与仪表飞行训练，从一开始话都说不利索，而如今丝毫不怵应付陌生空管的我，已经有了相当的成长。也已经有所针对地前往纽约上州的冰湖跑道做过冰上降落，在阿拉斯加练习水上与冰川山地飞行，在美西大峡谷、高性能复杂装置与高温干燥戈壁的山地飞行，在加拿大第一次练习使用跨国飞行海关报关系统，前往冰岛与格陵兰踩点。还赶上了飞越茫茫冰川中正在喷发的火山，前往非洲肯尼亚，体会没有任何飞行服务的原始航空生态、东非大裂谷的特殊气流，尝试降落在荒野中的简单石子跑道……

在我为了环球飞行所规划的适应性训练拼图里面，还缺跳岛飞行一项。

考虑到环球飞行必然经过广阔水域，而我所拥有的最长跨越水域经历，不过是从波士顿飞往楠塔基特的半小时航程。因此，我一直考虑前往有着群岛海域的国家积攒跳岛飞行技巧与经验。最后，趁着前往中美洲参加朋友婚礼的契机，多请了几天假，选定巴哈马群岛为跳岛飞行的目的地。

这个位于美国佛罗里达州以南、古巴以北的群岛国家，一共拥有大大小小700余座岛屿，其中仅30余座岛屿有人居住。这30座岛屿中过半数有小型机场彼此联通。巴哈马群岛拥有世界最好的珊瑚礁，十分合适航海与潜水。当然，更适合飞行。

为了分担租赁飞机和旅费的开支，我还约上了一位潜水教练的女性朋友与我同行——在我们结束这次飞行之旅后不久，本职是艺术设计总监的她，参与制作的一个纪录片项目获得了金马奖。

在巴哈马之前，我已经有了前往加拿大的跨国国际飞行经验。在相应海关网页上提交填报不同于美国境内飞行计划的ICAO国际飞行计划已经轻车熟路。在佛州西棕榈滩租赁了一架具有G1000电子面板的塞斯纳172式飞机，顺道与居住在同一机场附近的飞行员朋友碰了个头，寻求建议。

"巴哈马有什么好吃的啊？"

"必须是海螺沙拉啊。"

想象着海螺沙拉美味的我们，刚刚起飞离开美国，就被困在大西洋中的一座小岛上。

缠绵佛州南部不去的低压强对流天气带来了接连数日的豪雨与雷云。受此影响，我与同伴被按在佛州东南的海岸线边无法起飞。

等待了两天，雷云终于离开美国大陆向东移去，佛州开始放晴。然而巴哈马群岛正在佛州的东方。换言之，巴哈马群岛区域仍然雷云环伺，无法自空路进入。

假期已经接近尾声，为了这次跳岛飞行而分别从纽约和波士顿赶来的我与同伴面面相觑。

"再等一天吧，安全第一。"

"后天晚上回纽约的飞机，下午赶回来就行了。明早走，至少还能跳几个岛，过一夜。"

"那我订酒店啦？去哪个岛过夜？"

"不要急。"

还好没有急。雷云继续东移，到达巴哈马群岛之后忽然决定歇歇脚，原地不动了。

翌日早上起来看天气，群岛西边的雷云已经散去，然而云高仍然不容乐观，风速依然很强——巴哈马大部分的小岛机场只有一条短窄跑道，除非风向正好顺着跑道方向，否则在强侧风里降落并非明智选择。唯有最西边靠近美国领土的Bimini岛，任何旅行手册上都没有推荐的新开发小岛看起来情况较为乐观。

"先起飞，去Bimini看看吧。"

这是一座离开美国海岸线不到半小时飞行距离的荒凉小岛，近期刚刚被著名品牌连锁酒店加以开发，尚在试营业阶段，游人不多，然而基本生活设施都有保障，机场也有可供办理入境手续的海关办公室。可算是一个很好的落脚点。

我从West Palm的无塔台小机场起飞，与控制中心保持通话，拿了一个squawk code——这是穿过海岸线的ADIZ（Air Defense Identification Zone）国境防卫区的必需程序。

等飞出海岸线，挥别了身后我们在过去几天里开车驶过的居民区，热带地区的葱茏绿意与散布其中的人类聚居区逐渐离我们远去，转眼我俩已经置身在广阔大洋的水面上。身后的佛州地区天空已经放晴，前方仍然郁积着不祥的灰色，被西风推挤着缓慢向东部的远处推进。

我仔细地观看着前方的云层，电子屏幕上显示稀疏的雷电符号，风很稳定，云朵间隙中阳光洒落，恶劣天气在逐渐改变，至少飞到较近的Bimini岛问题不大。

无线电里，迈阿密指挥中心传来指令："爬升到6000英尺高度。"

我看了眼前方的厚厚云层与G1000电子操作屏幕上刚刚出现的雷电符号，拒绝了。"做不到。前方云层只有四千英尺。"

巴哈马地区没有仪表飞行进场程序，我不能合法穿越云层飞行。

"明白。保持目视规则，你自行决定飞行高度。"

"明白。"

我小心绕过屏幕上显示的雷电符号。这代表着正在形成的雷暴天气，以及强烈的不稳定气流，甚至可能是致命的下击气流。就算巴哈马的海水很温暖，我也不想泡在里面喂鲨鱼。

说到鲨鱼，据说人类的味道对它们来说很恶心。然而架不住一群好奇宝宝轮番咬你一口："这是啥呀能咛了？呕，好恶心！" "我尝尝？啊，果然好恶心！"

Bimini岛已经近在眼前。

这是一座由珊瑚与流沙堆积而成的小岛，由于不一的深度以及珊瑚的映照，从空中看下去，环绕在小岛周围的海水呈现有层次的蓝色，小岛也被蔚蓝的海水分割为南北两部分，之间仅由一道细细的白沙浅滩相连。机场位于南岛，居民聚集区与酒店区所在的北岛——当然我是后来才知道——则由一艘20座的机动小船承担日常摆渡工作。

我看了眼屏幕上的实时天气信息，风速正在进一步增强。如果是学生飞行员时代的我，遇到这种强度的侧风估计只能束手无策地向教练求助吧。然而对于现在的我来说，此时的天气情况还不至于不能接受，然而是否要继续向黑云低垂的东部推进还是个未知数。先到地面看看状况再说。

稍微盘旋了一会儿让朋友拍拍风景，我们降落在这个小岛最南端的跑道上。停好飞机，我踏上坚实的地面，热带阳光把停机坪粗糙的水泥表面晒得发烫，

强风似乎故意与我为难，不停地翻弄着环抱机场的浓绿植被。

直接走进机场海关办公室，办好跨国飞行所必需的清关手续和接下来的跳岛飞行许可。我掏出手机上的App查了下天气（我爱这个智能时代）。巴哈马岛群中部与东部仍然是边缘目视天气，云低，雾重，雷电正在生成，风速进一步转强。

抬头看看头顶一览无遗地纯净蓝天，怎么能想象，不过100多海里开外的另一个岛天气坏到不能安全飞行呢？

"还是活久一点比较重要，是不是？"我笑着跟同伴说，取消了接下来继续东进的飞行计划。

搭了机场的出租车去航渡码头，前往小岛的另一侧人住酒店。司机见我们两位小女生从天而降，又知道是自己开飞机过来的，钦佩得不行，用带有浓重口音的英文夸了我们一路。到码头转船，开过一片珊瑚礁浅滩，上岸再换车去酒店。途中经过一个简陋的小棚子，没有名字，黑板上写着海螺、龙虾的简单字样。

"这是我们岛上最好吃的海螺沙拉店。"当地的司机自豪地说。

我相信如此。因为这家小店的旁边堆积着一面墙那么多的海螺壳堆。

如果说几乎已经快成为美国属地的巴哈马群岛有什么特色料理，那就是海螺沙拉（conch salad）了。

使用柠檬汁或酸橙汁为主的调味汁，将新鲜切碎的清甜爽脆海螺肉酸"熟"，是拉美海滨地区十分流行的ceviche海鲜腌制法。然而巴哈马的做法徒具其形，并没有等待食材酸化也就是蛋白质变性的时间，只是借着酸味激发海产品本身的甜鲜。毫无疑问，这对食材的新鲜与洁净度要求很高。不过我们正身处茫茫大西洋中的一个孤岛，想来不必太担心海产品的质量。

在酒店安顿好出来，我们前往海螺店。

北岛生活区呈狭长状，一条主街从最北端的酒店区直贯南端码头。实在是想迷路也没办法。正好遇到当地放学打闹的少男少女们，同行了一段路。开始有点担心找不到地方，后来远远就看到海螺壳垒成的墙，环绕着我们即将前往的海螺沙拉店。

与同伴对视一笑，我们步入店中。

这是家夫妻店，简单的小棚子四面透风，只在餐台装了数架相当有蒸汽朋克风格的老旧风扇。爽朗笑着的黑大叔用几乎可以用来砍人的大弯刀迅速剔出螺肉，摘除内脏，快手将择好的螺肉切丁。旁边他的老婆则同样手快地切碎洋葱、番茄与辣椒，加入酸橙汁与酸橙角，拌入碎螺肉。用简单的一次性塑料小碗盛上来，附上同样简单的一次性叉子和薄而小的餐巾纸。

既然今天已经没有飞行计划了，于是要了当地啤酒与朋友对饮。

酸辣的调味与尚未酸化的海螺肉汁搭配，再喝一杯当地的淡味啤酒十分惬意。窗外椰林树影，海风喧嚣。

一边吃着，隔壁一位老船长来跟我们聊天："你们是中国人吗？"

我们笑着说是。

"我未婚妻也是中国人。不过她的美国签证出了些麻烦，一直没办法过来跟我团聚。我在这里开船，等她签证办好了再回美国接她回来这边玩。"老船长一脸幸福地给我们看手机里的照片，一位甜美的中国女子幸福地微笑着。

听说我们是自己开飞机过来的，老船长惊讶地瞪大了眼睛，然后坚持邀请我们去码头看他的船，一边跟我们絮絮讲述他在中国的生意，开始的困难，后来的发展，遇到了这位世间最好的中国女子，坠入爱河，求婚，请她随自己回美国，今后共同徜徉在这片世界上最好的碧蓝海域，终老白头。

我与同伴微笑着听他的讲述，对未婚妻的爱，对航海的爱。对人与对世界的爱原本相通，飞行与航海也彼此相通。

是的，自诞生之初，航空与航海就彼此分享同样的知识、术语与友谊。我们的征途是整个星球，我们要处理的是磁力与风，我们跟随罗盘，我们仰望星空。这也是为什么，在没有GPS或卫星电话的航空早期，迷失在大洋上的飞行员往往依靠途经此地的航船才能得到正确方位的指引，寻求援助，脱离险境。

看过老船长的爱船，祝福即将造访他的幸福。之后，我们回到酒店，结束了这一天。热爱游泳的同伴像条水鱼儿沉迷在泳池里，我只坐在岸上看大海远处的夕阳。

我想我们都经历了艰难困苦、意料之外的波折与煎熬。

然而有这么一天的下午，在惊涛骇浪的间隙，也能安闲地喝酒看风景。

只要活得足够久，总是会有好事发生的。

浪漫梦想也会成真。

纽约私人机场飞行记

New York Private Airport Flight

全美国大约有20,000个小机场，其中将近15,000个为私人所有。它们在航空地图上都以P字母标注，非许可外人免进。然而，实际上绝大部分的私人机场并没有听起来那么神秘莫测、高不可攀。这次来到私人自建的F机场，是受到了Tim先生的邀请。

机场是个"大玩具"

到了机场，我们在跑道边的小餐厅见面，只点了简单的咖啡和"100美元的汉堡包"。"100美元的汉堡包"是飞行界半开玩笑的行话，特指小机场餐厅里的简餐。汉堡包虽然不贵，但算上机主飞过来飞机与油耗的成本，一个汉堡包平均下来至少得花上100美元的高价了。

到机场后不久，M先生被引荐给我们，原来他就是这片具有硬面跑道与草坪跑道的机场主人，同时也是个积极的航展特技飞行员、古董飞机收藏家。M先生的金发修剪得极短，颇具军人风采，蓝眼睛炯炯有神。

"他可是航空界的名人呐。"Tim拍拍M先生的肩膀，转而对我们说，"你们待会儿可要好好看看他的收藏。"

"拥有自己机场的话，投资收得回来吗？要多久？"做商法的我和做金融的R先生都忍不住职业病地发问。

"老实说，不赚钱。维护一次跑道的费用就得以百万美金为单位。"M先生摇摇头，又笑了，"不过当钱对你来说不那么重要的时候，有个大玩具也不坏。"

"那收藏古董飞机呢？听说你收藏了不少'二战'时候的珍稀型号呢。"

"我的warbirds（战斗鸟类，此处为飞行行话，指战斗机）倒是挺争气的。"M先生朝身边的朋友笑

笑——后来我才知道他们都是飞行员兼认证航空机械师，"我们自己负责所有的修理维护工作，虽然很花时间，但是乐在其中，所以并无金钱上的持有成本。加上这几年市场也争气，我的飞机从来没有贬值过。虽然我并不打算卖掉它们。"

M先生和Tim交换了眼神，说道："不如来看看我的收藏吧！你们把飞机放在这里，搭我们的飞机飞过去。"

"飞过去？去哪里？"我不禁心中疑惑。

等到了空中才发现这里并不只是一般意义上的小机场，而是一整片相当广阔的私人土地。在我们降落的普通硬面跑道数里之外，还有一条美丽的草皮软跑道。跑道旁坐落着一片机库和几栋简朴可爱的小房子——那里是M先生与他家人居住的地方。很多靠近居民区的小机场都有严格的噪音管理条例，一般人选居住地点也会尽量远离机场以求清静。然而对于飞行爱好者而言，飞机引擎的动人轰鸣声完全不逊于大都会歌剧院（MET）首席女高音的婉转歌喉，选择居所当然是离跑道越近越好。我甚至可以想象在清晨的阳光里，他骄傲的母亲和妻子是如何微笑着站在窗边，目送着这位心中充满激情的可爱大孩子飞入云霄。

我先搭乘Tim的飞机前往机库。这是一架自己装配的两座全仿古双座小飞机，高翼，半封闭式机舱，非常老式的线缆传动（cable drive），木质螺旋桨，飞行术语上称为Home-Built，只要满足FAA的安全标准，就可以自由上天飞行。由于拥有相当大的组合自由与满足自己的装配乐趣，这一形式在具有机械知识和动手热情的飞行员中十分受欢迎。

收藏机库在数里外的草坪跑道旁边。我们稍微绕行了一下，Tim先生为我们展示了机场后方美丽的大片冰湖，可惜春来回暖，冰层太薄，已经不能在湖面

上降落了。"要是早来两个星期，这里还冻得严严实实的，我们就可以在冰面上停下来玩一会儿啦。"Tim先生降低了高度，以接近降落的距离飞掠过冰面，半是骄傲、半是遗憾地说。

在空中得以纵观全貌，我才注意到来时不曾留意的周边地形。这里有群山，有大湖，有草坪，有树林，是个完美的荒野飞行（backcountry flying）练习场。与都市周边的周末飞行大不相同，荒野飞行直接传承自早期探险浪漫飞行时代的古老血脉。"To boldly go where no man has gone before."（勇踏前人未至之境。）我不禁在心中诵起这句当年点燃我飞行理想的名句。

飞机收藏家

"你真应该建个博物馆啊！"我们在绿草的跑道上降落，步入M先生的机库。一进门我就不禁感叹起来。

这是一片占地数十亩的大型机库群，依坡而建，并利用坡度自然地把机库分为地上和地下两层，因有视功能需要而特殊设计的挑高大机库和收藏小飞机的（相对）袖珍仓，连环相通，柳暗花明。其收藏对象以二战时期和现役军机为主，范围涵盖空海军专用战斗机型和直升机型。另外也有供主人飞行特技的双座哈士奇和复古双翼单座小飞机，以及适合商务或家庭出行的豪华多座现代喷气机。

我曾经去过华盛顿NASA国家航天航空博物馆，然而如果要亲眼看到、亲手触摸，甚至可以亲身乘坐如此之多维护得极好且尚在飞行服役期的古董飞机，华盛顿的公众博物馆可不及这个幽居野外的私人收藏库。

在这片连环大机库的地下，M先生还得意地向我们展示了一条横穿跑道正下方、通往自己住处的水泥密道。

最后我们来到最大的机库，这里是工作间。M先生与他的机械师朋友正在机头部位忙碌着。"这架飞机你一定认识。"R先生回头对我笑笑。

我当然认识。这可是传奇的"Crazy Hourse"（野马）式单座战斗机：P-51D，二战时期美军援华的机型之一。在那个硝烟连天的年代，它见证了多少英年牺牲的无畏灵魂，又见证了多少得到拯救的无辜百姓。

此时，这架传奇的美丽造物正静静地停在我面前。我爬上工作梯，机头的引擎盖打开了。出于安全以及性能因素的考虑，原本属于这架飞机、被广泛使用于二战战斗机的Allison V-1710老式引擎已经被替换掉。取而代之的是一台崭新的劳斯莱斯隼式（Merlin）PKRD-ROLL V1650引擎，马力高达1490匹。如此恢弘的动力源，足够保证这架略显巨大的旧式飞机在世界各大航展上胜任各种复杂操作的特技飞行。所有的零部件都被仔细地修缮清理、翻新上油。和任何一件被妥善保护的珍贵艺术品一样，这位近70岁"高龄"的战斗淑女正骄傲地闪烁着金属的冷光，"她"在M先生的手里重焕了青春。

要知道，全美境内，还有资格飞这架飞机的飞行员不会超过150位。"你不仅能开，还会修。太了不起啦！"我情不自禁地感叹道。

M先生十分谦逊地忽视了我的盛赞，眨眨眼："还有时间，我们再去飞一圈。""这次我可以跟你飞吗？"我不失时机地要求道。"咱们飞飞特技。"

"我一般不带人飞特技，怕吓到他们。"M先生扬扬下巴，"不过你是飞行员，我想没问题的。对吗？""非常荣幸。"我微笑着回答。

"夕阳晕染了的天空中，直升机犹如一个跳动的精灵。"中国低空飞行普及的时候，想必这种场景也会常见。摄影/孙斌

“低空飞行，不但方便了人们的出行，还拓展了人们的视野。”在西班牙飞行时拍到的心形湖。摄影/孙斌